이산화탄소를 지중저장하는 방법
: 현장 CCS 사업자의 관점에서

How to Store CO_2 Underground
: Insights from early-mover CCS Projects

First published in English under the title
How to Store CO$_2$ Underground: Insights from early-mover CCS Projects by Philip Ringrose, 1st edition.
Copyright © Philip Ringrose, under exclusive license to Springer Nature Switzerland AG 2020
This edition has been translated and published under licence from Springer Nature Switzerland AG. Springer Nature Switzerland AG takes no responsibility and shall not be made liable for the accuracy of the translation
All rights reserved

Korean translation edition © 2025 CIR, Inc.
Published by arrangement with Springer Nature Switzerland AG
All rights reserved

이 책의 한국어 판권은 베스툰 코리아 에이전시를 통하여 저작권자와 계약한 도서출판 씨아이알에 있습니다. 저작권법에 의해 한국 내에서 보호를 받는 저작물이므로 어떠한 형태로든 무단 전재와 무단 복제를 금합니다.

이산화탄소를
지중저장하는 방법
: 현장 CCS 사업자의 관점에서

How to Store CO₂ Underground
: Insights from early-mover CCS Projects

필립 링로즈(Philip Ringrose) 지음
정승필·남명진·박창협 옮김

추천의 글

이산화탄소 포집 및 저장(CCS)은 중요한 온실가스 감축 기술이다. 이는 화석 연료를 사용하는 전력 생산의 과정에서 탈탄소화를 가능하게 한다. 뿐만 아니라, 철강 생산, 시멘트 생산, 정유 공장 및 기타 화학 산업과 같이 다른 저탄소 대안이 없는 산업 부문에서도 탈탄소화를 가능하게 한다. 더 나아가, CCS는 대기 중에서 이산화탄소를 제거할 수 있는 '음의 배출(Negative emission)' 기술로 작용할 수 있다. 이러한 개념은 국제에너지기구(IEA)와 기후변화에 관한 정부 간 협의체(IPCC)가 개발한 여러 분석과 시나리오의 기초가 되었으며, 이는 우리가 2°C 목표를 달성하고, 더 나아가 1.5°C 목표를 달성하기 위해 이 CCS 기술이 반드시 필요하다는 점을 보여준다. CCS 없이는 이러한 목표를 달성하는 것이 사실상 불가능하거나, 달성하더라도 훨씬 더 높은 비용(예: 138% 더 높은 비용)을 지불해야 할 가능성이 크다.

이 책의 추천사를 기꺼이 쓰기로 한 이유는 이 책이 CO_2 지중저장 이론과 실제 프로젝트에서 얻은 교훈이라는 두 가지 핵심 사항을 통합하고 있기 때문이다. 이 책의 이론은 노르웨이 과학기술대학교 및 다른 대학에서의 연구결과, 모델링 결과, 출판물, 교육자료를 바탕으로 한다. 그러나 이론만으로는 한계가 있다. 이 책의 진정한 보물은 현장의 실제 경험에서 나온 교훈으로서, 이론을 검증하고 추가적인 이해를 도출하며 기존 이론을 더욱 발전시키기 위해 적절한 고찰과 분석이 이루어진 부분이다. 또 다른 중요한 이유는 이 지식을 보다 많은 사람들, 특히 학생들에게 전수하기 위함이다. 이 학생들은 우리가 지금까지 해온 것보다 훨씬 더 많은 CCS 프로젝트를 실현해야 할 책임을 지게 될 것이기 때문이다. IEAGHG에서의 나의 역할이지만, 우리는 국제 CCS 여름학교를 운영하여 차세대 CCS를 지원하려 노력하고 있다. 지금까지 13회를 완료했으며, 49개국에서 온 약 600명의 졸업생을 배출했다(이 도전에 맞설 차세대의 열정과 역량에는 의심의 여지가 없다). 그 과정에서 저자는 수차례 IEAGHG 여름학교에서 강의와 멘토링을 진행하여 왔는데, 나는 다양한 배경을 가진 학생들에게 복잡한 주제를 명확하고 이해하기 쉽게 전달하는 저자의 능력을 직접 목격한 바 있다. 그의 이러한 경험이 고스란히 담겨 있는 이 책을 추천하는 이유이다.

Tim Dixon

General manager, IEA green house gas R&D Programme

Cheltenham, UK

감사의 글

이산화탄소 포집 및 저장의 개론을 서술하는 이 작업은 수많은 사람들과의 협업 없이는 불가능했을 것이다. 너무 많아 모두 언급할 수 없을 정도이다. 선구적인 Sleipner CCS 프로젝트와 같은 산업 규모의 프로젝트에는 각 단계마다 수백 명의 엔지니어, 기술 전문가, 관리자 및 공급업체가 참여한다. 나는 이러한 프로젝트의 일부분에서나마 팀의 작은 일원이 될 수 있었던 특권을 누렸다고 생각한다. 산업계와 학계를 오가며 값진 경험을 얻는 데 도움을 준 Equinor(이전 Statoil), NTNU(노르웨이 과학기술대학교), Heriot-Watt University 및 University of Edinburgh에서 함께 했던 동료들에게 감사의 뜻을 전하고 싶다.

가능한 한 출판된 자료를 인용하려 노력했음에도, 어떤 아이디어들은 나도 모르는 사이에 자연스럽게 섞였을 수도 있다. 이 책을 쓰면서 분명히 동료들의 개념과 아이디어를 빌렸으면서도 제대로 언급하지 못한 경우가 있을 것이다. 그래서 이 기회를 빌려 나에게 '스며든 아이디어와 통찰'에 대해 특별히 감사의 뜻을 전하고 싶다. Anne-Kari Furre, Bamshad Nazarian, Gelein de Koeijer, Michael Drescher, Britta Paasch, Peter Zweigel, Allard Martinius, Guillaume Lescoffit(모두 Equinor 소속), Ola Eiken(Quad와

Statoil), Martin Landrø(NTNU), Mark Bentley(TRACS International과 Heriot-Watt University), Stuart Haszeldine(University of Edinburgh), Allan Mathieson(BP와 Lloyd's Register), Gillian Pickup(Heriot-Watt Univeristy), Sally Benson(Stanford University), Tip Meckel(BEG, University of Texas at Austin), Tim Dixon(IEAGHG)께 감사드린다. 특히, Martin Landrø는 내가 NTNU에서 CO_2 저장 분야로 자리 잡을 수 있게 주도적으로 나서 주었으며, 2013년에는 이 주제로 학사/석사 과정을 함께 출범시키기도 하였다. 또한, 초창기의 학생들은 나에게 까다로운 질문을 함으로써 내가 무엇을 알아야 하고 설명해야 할지를 식별할 수 있게 이끌었기에 특별히 감사한다.

이 책에서 언급된 CO_2 저장 프로젝트는 노르웨이와 유럽 프로젝트에서 Equinor의 CCS 운영에 치우친 경향이 있다. 따라서 다른 지역에서의 중요한 경험을 포함하지 못한 점에 대해서는 아쉽게 생각한다. 복잡한 주제를 요약하는 것이 어려울 수 있기에, 내가 특정 주제를 지나치게 단순화했을 수도 있다. 내가 단순화시킨 개념에 동의하지 않을 수 있으며 이를 계기로 해당 주제를 더 명확히 해 줄 수 있길 기대한다. 마지막으로, 내가 CO_2와 암석에 쏟았던 시간과 에너지를 감내해 준 가족들(Priscilla, Christy, Juliette, Miriam, 그리고 Daniel)에게 감사드린다. 나의 삶에서 중요한 것들은 많이 있지만, 기후와 에너지는 그중에서도 꽤 높은 우선순위에 있기 때문이다.

차례

추천의 글	iv
감사의 글	vi
기호와 단위	x
컬러 도판	xiii

Chapter 01 —— 왜 이산화탄소를 지중에 공학적으로 저장해야 하는가? 2

1.1 기후변화와 탄소저감	2
1.2 화석연료 사용의 역사	3
1.3 온실가스 연구의 역사	6
1.4 탄소 포집·저장(CCS)이 필요한 이유	10
1.5 탄소 포집·저장 기술 소개	12

Chapter 02 —— 이산화탄소 지중저장의 원리, 저장용량, 제약조건은 무엇인가? 24

2.1 기술요약	24
2.2 이산화탄소 지중저장의 개념	25
2.3 격리와 포획의 원리	32
2.4 지중 저장용량의 계산	47
2.5 이산화탄소 지중저장을 위한 유동역학	70
2.6 주입성 계산	100
2.7 이산화탄소 지중저장을 위한 지구역학	111

Chapter 03 ── 이산화탄소 지중저장 프로젝트의 설계	138
3.1 주입정 설계	139
3.2 이산화탄소의 열역학과 운송	143
3.3 저장소 관리체계	148
3.4 이산화탄소 저장현장의 거동 예측 방법	153
3.5 주입정 온전성 문제의 처리방안	163
3.6 이산화탄소 저장 프로젝트 모니터링과 저장소 온전성 관리	171

Chapter 04 ── CCS의 미래 – 앞으로 CCS의 전망은?	210

번역을 마치며	216
찾아보기	218

기호와 단위

이 책에서는 SI 국제 단위계(Système Internationale d'Unités)가 사용되며, 이는 종종 미터법 단위계로도 불린다. 그러나 편의상 또는 일반적인 관행을 따르기 위해 SI 단위가 아닌 몇 가지 단위가 사용되는 예외가 있다.

- 암석 유체투과도(Rock unit permeability)는 일반적으로 millidarcy(mD)로 표시된다. 1 darcy는 SI 단위로 약 1 μm^2(또는 $10^{-12} m^2$)에 해당한다.
- 저류층 또는 생산정/주입정 압력은 보통 bar로 표시되며, 1 bar = 100,000 파스칼(Pascal, Pa)이다. 압력 단위에서 bar_g는 해당 위치의 대기압을 기준으로 한 게이지 압력(Gauge Pressure)을 의미하고, bar_a는 절대 진공을 기준으로 한 절대 압력(Absolute Pressure)을 의미한다는 점에 유의해야 한다.

이 책에 사용된 주요 기호와 약어에 대한 설명은 아래 표를 참고하라.

A	알베도 반사율
B_o	본드 수
B_{HC}	탄화수소 지층용적계수
C, C_o	농도, 참조농도
C_c	저장용량계수
C_a	모세관 수

C	압축률
Fm	지층 (층서)
g	중력가속도
h	높이
k, k_r	유체투과도, 상대유체투과도
L	길이
P, p	압력
P_c	모세관 압력
P_t	임계압력
Q, q	유량 (부피)
R_f	회수율
r	반지름
S	포화도 (또한 태양상수)
T, T_{eq}	온도, 평형온도
t	시간
u_x	유속 (x-방향)
V	부피
x, y	수평방향 좌표축
z	수직방향 좌표축
α	아레니우스 상수
γ	계면장력
Δ, δ	물성치 변화량
∇	벡터장에서 그래디언트
ε	저장효율지수 (또한 변형률)
θ	각도
λ	유동도
μ	점성도
ρ	밀도
σ	응력 (또한 스테판-볼쯔만 상수)
ϕ	공극률
ψ	비율
AMS	Accelerator Mass Spectrometer
AUV	Autonomous Underwater Vehicles
BECCS	Bioenergy with Carbon Capture and Storage
BSME	Backscatter Scanning Electron Microscopy

MEA	Mono-Ethanol-Amine
DAC	Direct Air Capture
DAS	Distributed Acoustic Sensing
DTS	Distributed Temperature Sensing
EOR	Enhanced Oil Recovery
EOS	Equation of State
EPT	Electromagnetic Propagation Tool
FD	Finite Difference
FE	Finite Element
IBDP	Illinois-Basin Decatur Project
IEAGHG	International Energy Agency Greenhouse Gas R&D Programme
IMPES	Implicit Pressure, Explicit Saturation
InSAR	Interferometric Synthetic Aperture Radar
IP	Invasion Percolation
IPCC	Intergovernmental Panel on Climate Change
IRGA	Infrared Gas Analyzer
ISA	International Standards Association
ISO	International Organization for Standardization
LDRF	Light Detection and Range Finding
MDA	MacDonald, Dettwiler and Associates Ltd.
MEG	Methyl-Ethylene-Glycol
MMV	Measurement, Monitoring and Verification
MVA	Monitoring, Verification, and Accounting
OBN	Ocean Bottom Nodes
OSPAR	Oslo-Paris Convention
SPE	Society of Petroleum Engineers
UNFCCC	United Nations Framework Climate Change
USDW	Underground Source of Drinking Water
US EPA	United States Environmental Protection Agency
VSP	Vertical Seismic Profiling

컬러 도판

본문 17p

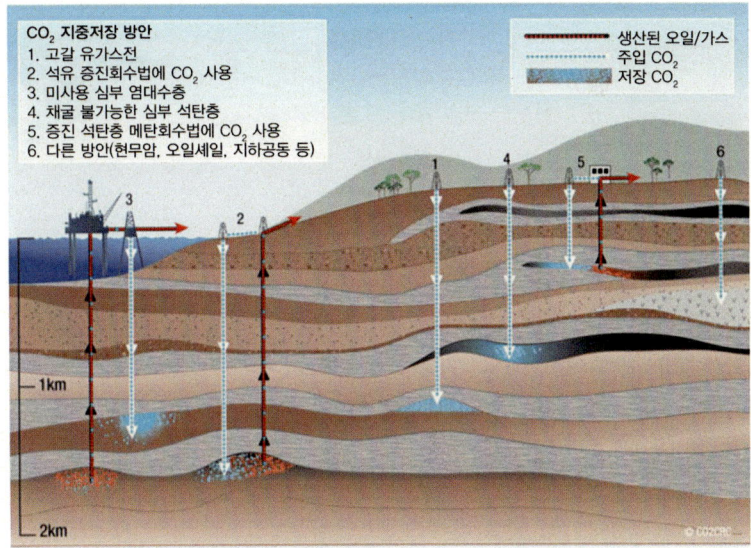

그림 1.5 다양한 CO_2 지중저장 방안의 개요(©CO2CRC, CO2CRC Ltd의 허가받은 이미지)

본문 35p

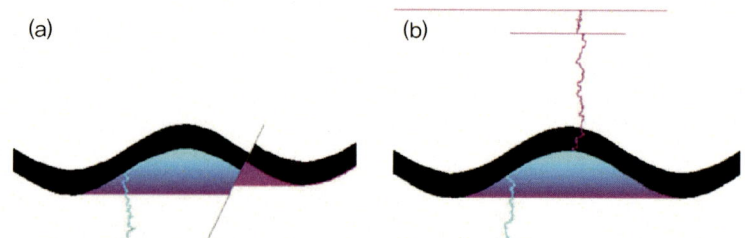

그림 2.7 이론적인 모세관 포획모델(Ringrose 등(2000)을 수정): (a) 누출이 발생할 수 있는 단층과 치밀한(유체투과도가 낮아 유체거동이 발생하기 어려운) 덮개암(수평적인 누출지점을 통해 누출이 발생); (b) 덮개암을 통해 누출되어 포획되는 형태(덮개암의 낮은 모세관 임계값 때문). 덮개암은 검정색, 구조 내부의 색깔은 비습윤 유체의 이동시기(파란색은 초기, 보라색은 후기 시점)를 의미함. Permedia-Mpath의 스며듦 침투 모델을 이용한 해석모델

본문 37p

그림 2.9 다공성 매질에서 물을 파란색으로 착색하여 모세관 포획 현상을 보여주는 간단한 실험. 이 실험에서 올리브오일은 파란색으로 염색한 물에 대한 수습윤 다공성 매질(자갈의 크기는 지름 약 2~3mm)에 잔류한다. 약 20%의 올리브오일은 공극공간에 모세관 압에 의해 포획되기 때문에 상단의 차폐체까지 이동하지 못하게 된다. 실내온도에서 오일의 밀도는 910kg/m^{3}이므로 지하의 CO_2와 비교하면 부력은 상대적으로 작다. 올리브오일-물의 계면장력은 약 32nM/m(Sahasrabudhe et al., 2017)이며 이 값은 지하상태에서 고밀도의 CO_2와 매우 유사한 값이다 (Naylor et al., 2011).

본문 38p

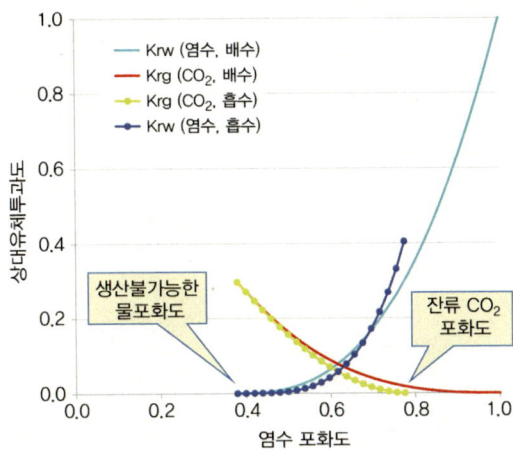

그림 2.10 CO_2-염수의 상대유체투과도 곡선의 예(Bennion and Bachu, 2006; Cardium sandstone; IFT=56.2mM/m)

본문 39p

그림 2.11 다양한 차원의 규모에서 본 암석의 구조(왼쪽 위에서부터 시계 방향): 층리 규모의 유체투과도 변이(Tilje층, 노르웨이); 단층 파쇄대에 점토로 충진된 정단층(Sinai, 이집트); 조류 삼각주의 퇴적구조(Niell Klinter층, 그린란드); 단층이 형성된 데본기 규질쇄설암층(Jameson Land, 동부 그린란드)

본문 41p

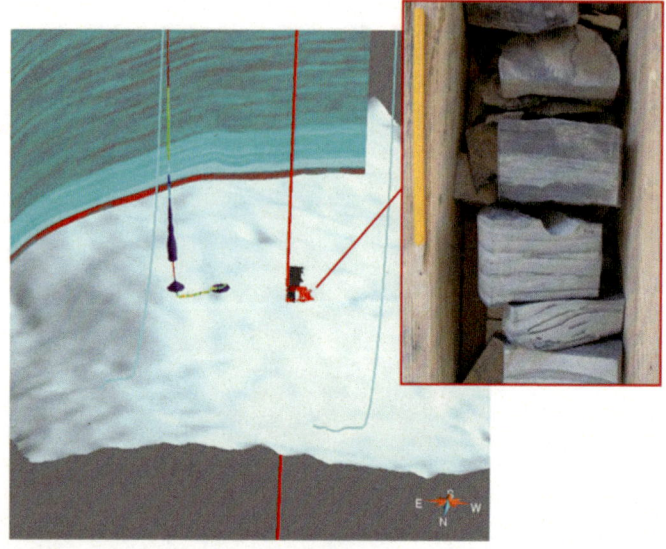

그림 2.12 In Salah CO_2 저장부지의 특성화를 위한 자료(예: CO_2 주입정(파란색), 평가정-공 극률검층(빨간색), 캘리퍼검층(회색), 감마선검층(색), 주입전 CO_2의 분포(보라색); 암석코어 샘플(삽입한 사진); 각 섹션은 탄성파와 평가정 자료로부터 추정한 저류층과 덮개암의 공극 률을 보여준다. 지층면은 탄성파로 매핑한 저류층을 보여준다.

본문 46p

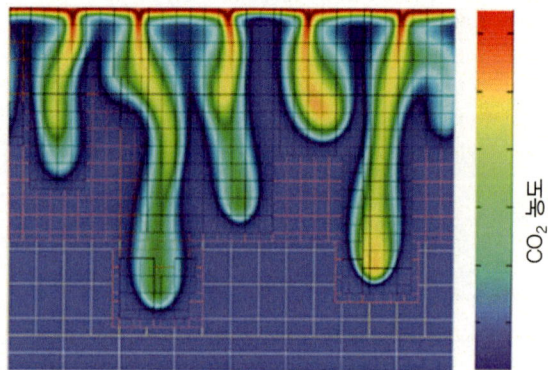

그림 2.15 대염수층의 CO_2 지중저장 과정 중 밀도차에 따라 발생하는 CO_2 유동(Pau 등 (2010)에서 발췌, Elsevier 허가 후 재사용)

본문 55p

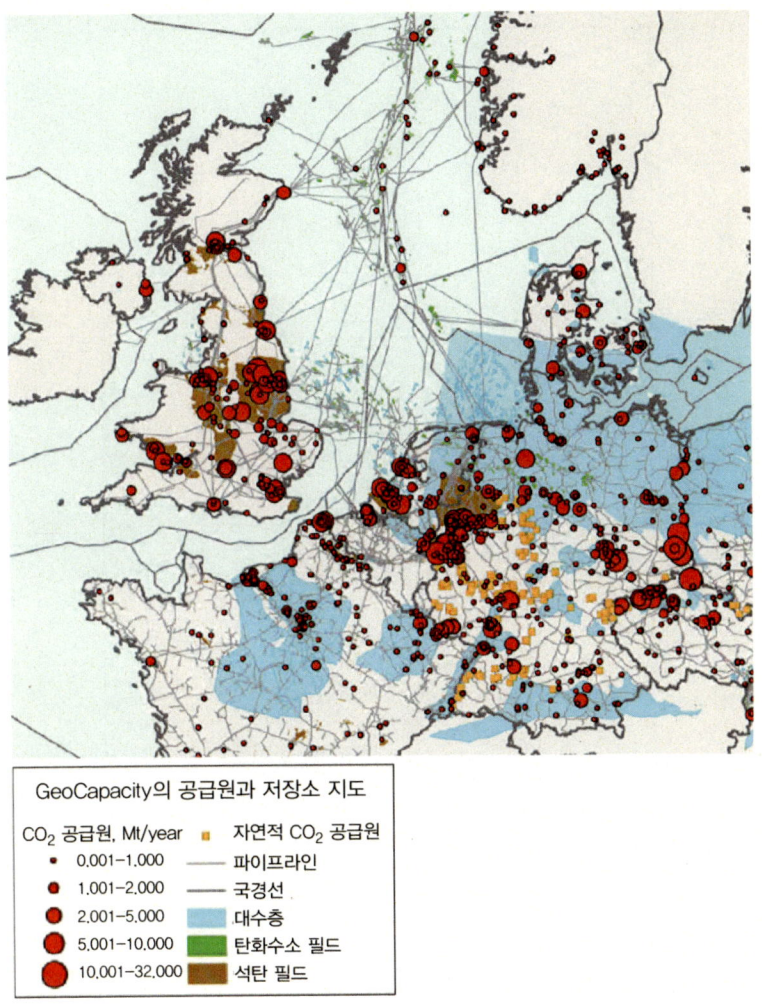

그림 2.18 북서유럽의 CO_2 배출, 인프라, 저장용량 지도(www.geocapaciy.eu에서 다운로드 받음; EU GeoCapacity final report, 2009)

본문 67p

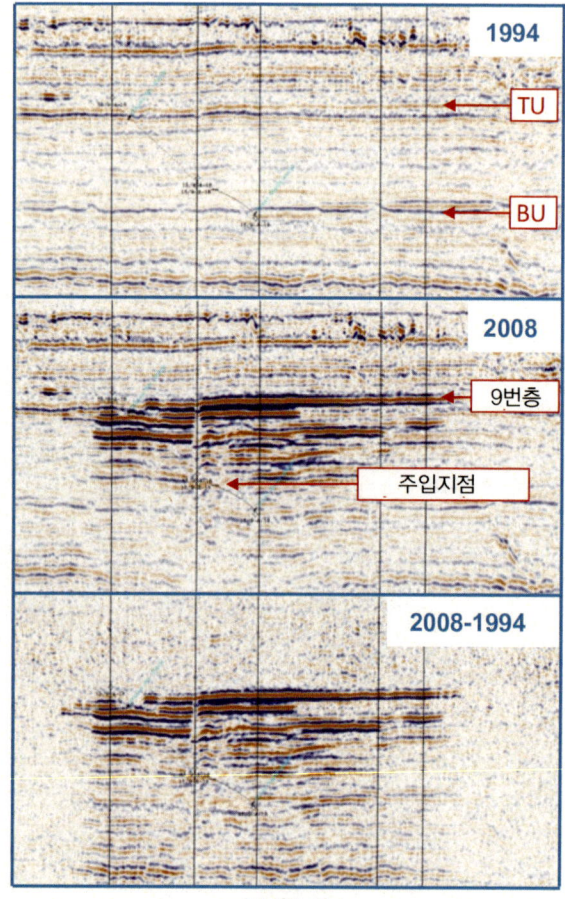

그림 2.24 Sleipner에서의 북남(N-S) 방향의 탄성파 단면으로, 1994년의 주입 전 상태, 주입 후 2008년까지 다수 층에 침투한 CO_2에 의해 증폭된 반사파 진폭 그리고 2008년 진폭에서 1994년도 진폭을 뺀 반사파 진폭의 차이(2008-1994). (Equinor 제공 그림)

본문 66p

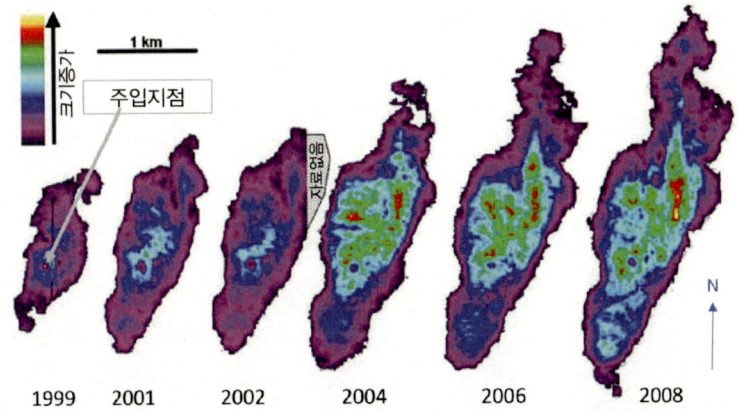

그림 2.23 Sleipner에서 연도별로 측정한 (모든 층의 경계에서 반사하여 돌아온) 시간경과 탄성파 반사 진폭의 누적 강도: 플룸의 가운데 부분에서 반사파의 강도가 가장 크며, 모든 방향으로 플룸이 팽창하지만 북쪽으로 가장 크게 팽창하고 있음을 알 수 있음

본문 78p

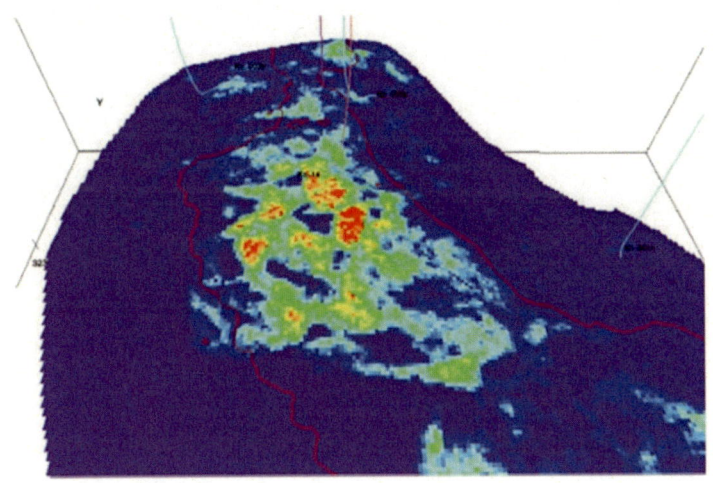

그림 2.28 CO_2 저장부지의 지질모델의 예. 탄성파 자료를 통해 예측한 공극률의 공간적 분포를 도시함(붉은색은 20% 이상의 공극률을 의미함; 알제리 In Salah CO_2 프로젝트 (Ringrose et al., 2011). 빨간선은 초기의 가스–물 경계면이며 파란색은 하부 대염수층으로 CO_2를 주입하는 주입정이다. 모델의 폭은 약 15km이다.

본문 79p

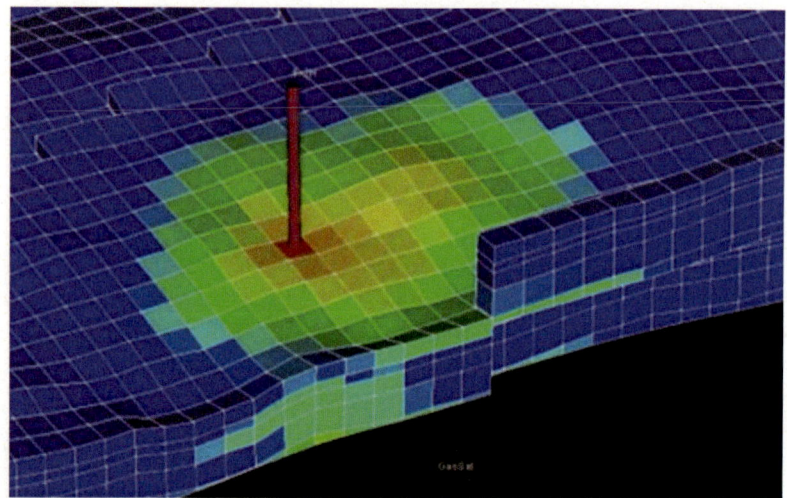

그림 2.29 CO_2 분포(녹색과 노란색이 CO_2 포화도를 의미)를 보여주는 유체유동 시뮬레이션 모델의 예. Snøhvit CO_2 주입부지(Hansen et al., 2013)의 성긴 격자모델임. 여기서는 80m 두께의 Tubåen 저류층을 5층의 격자로 구성하였다. 단층의 투과도에 다양한 배수를 적용함으로써 경계면에 위치한 단층을 통한 유동의 가능성을 연구하였다.

본문 91p

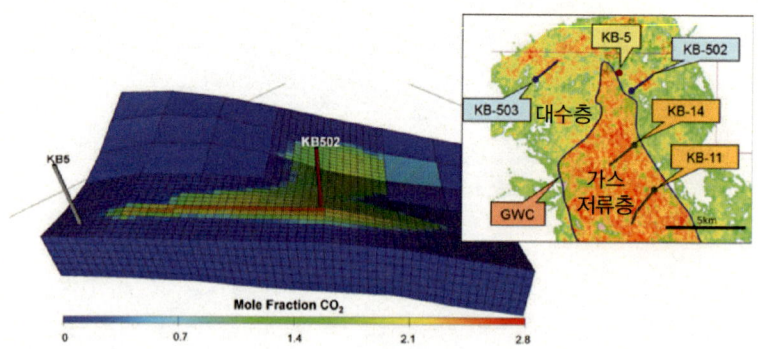

그림 2.34 주입정 KB-502 주변의 CO_2 분포를 보여주는 저류층 시뮬레이션 예: 균열로 인해 유체투과도가 향상되어 관측정 KB-5에서 예상보다 빠른 CO_2의 돌파가 관측됨. 시뮬레이션은 주입 시작 약 2년 후로서 KB-5에서의 돌파 직전의 CO_2 분포를 보여줌. 내부 삽화에는 주입정과 관측정의 위치와 축척을 표시함

본문 92p

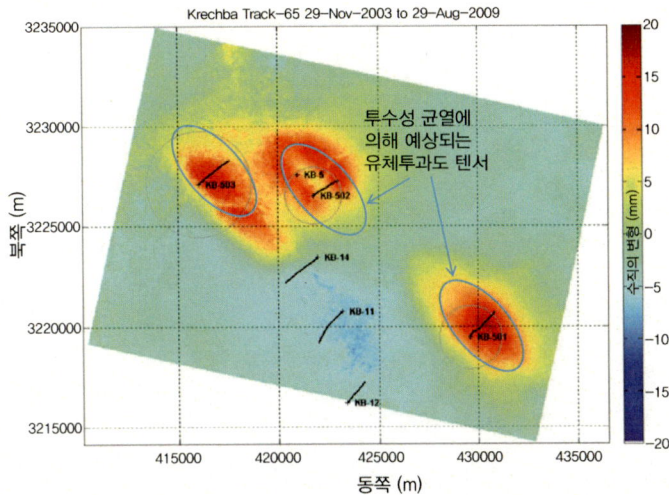

그림 2.35 Bond 등(2013)의 균열모델링으로부터 추정한 유체투과도 텐서와 Krechba의 지표면 수직변형(2009년 8월)의 비교. 위성 영상은 MDA/Pinnacle Technologies에서 InSAR 데이터를 처리하여 생성(Mathieson 등(2010)을 다시 그린 것); 수평 CO_2 주입정은 KB-501, KB-502 및 KB-503이고, 수평 가스생산정은 KB-11, KB-12 및 KB-14임. 회색 원은 각 주입정의 상대적인 CO_2 주입질량을 나타내며, 3개의 주입정을 통해 이 시기까지 주입된 총 3백만 톤(Mt)에 맞춰 크기를 구성함

본문 95p

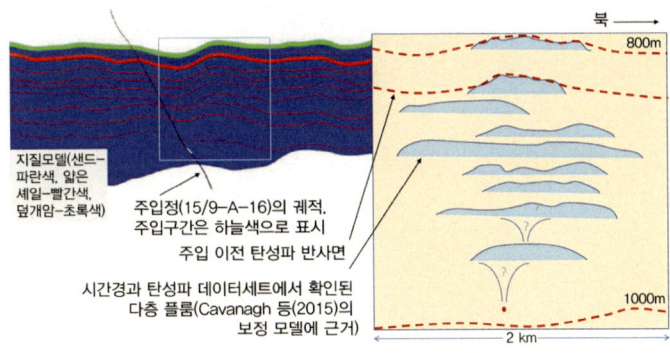

그림 2.37 Sleipner에서 다층 CO_2 플룸 모델링에 사용가능한 정보의 요약. 시간경과 탄성파 자료에 의해 CO_2로 채워진 9개의 층만 분명히 드러나며, 층들 간 기하학적 형태와 연결지점은 불확실함

본문 94p

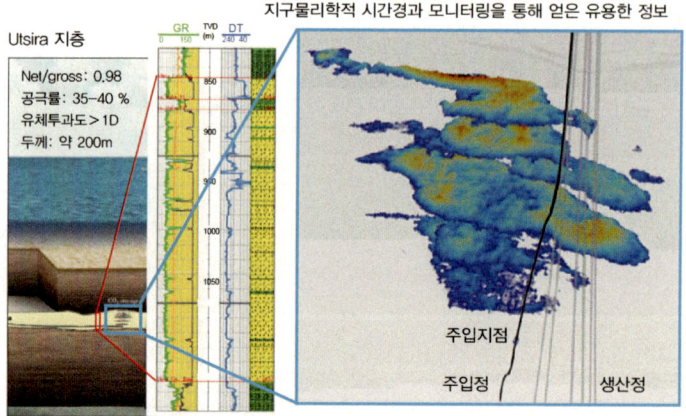

그림 2.36 Sleipner 주입부지에 있는 Utsira 사암층의 특성요약. 물리검층(GR; 감마선검층; DT: 음파검층)과 3D로 재구성한 시간경과 탄성파 영상화 자료로부터 추출한 다층 CO_2 플룸의 분포(2010년도). Kiær 등(2016)의 내삽법을 이용함(Equinor사 소유 이미지)

본문 96p

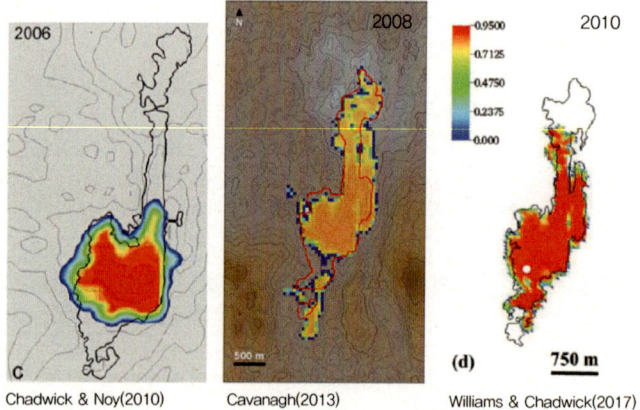

그림 2.38 탄성파 탐지를 통해 가장 신뢰도 높은 9번층 상부지층에서 관측된 플룸(검은색 및 빨간색 외곽선)의 매칭을 목적으로 수행한 동적 시뮬레이션의 예. 각각의 사례는 서로 다른 가정(참고문헌 참조) 아래에서 다상 유한차분 모델을 이용하였음. 각각의 이미지의 맨 윗부분에는 모델의 동적자료 매칭을 위한 탄성파자료 취득 날짜를 표시함(Geological Society of London(왼쪽), Elsevier(중앙과 오른쪽)의 허가 후 이미지 사용)

본문 97p

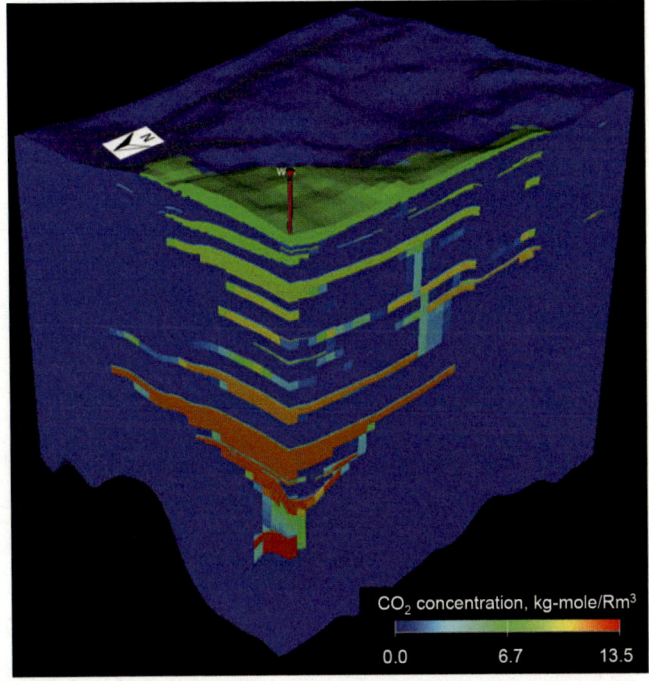

그림 2.39 Sleipner의 다층 CO_2 플룸의 다상 유동시뮬레이션 모델의 예: 주입한 CO_2를 다량 함유한 스트림의 30년 예측결과를 보여줌. 3D 모델링 격자는 주입지점에서 플룸의 중심을 가로지르는 방향으로 보여지고 있으며, 각 층에서는 플룸의 수평적 유동범위를 보여줌. CO_2 농도의 단위는 kg-mole/Rm^3. z축 방향으로 7배로 확대함(Nazarian 등(2013)에서 발췌함; © Elsevier, 허가 후 인쇄)

본문 98p

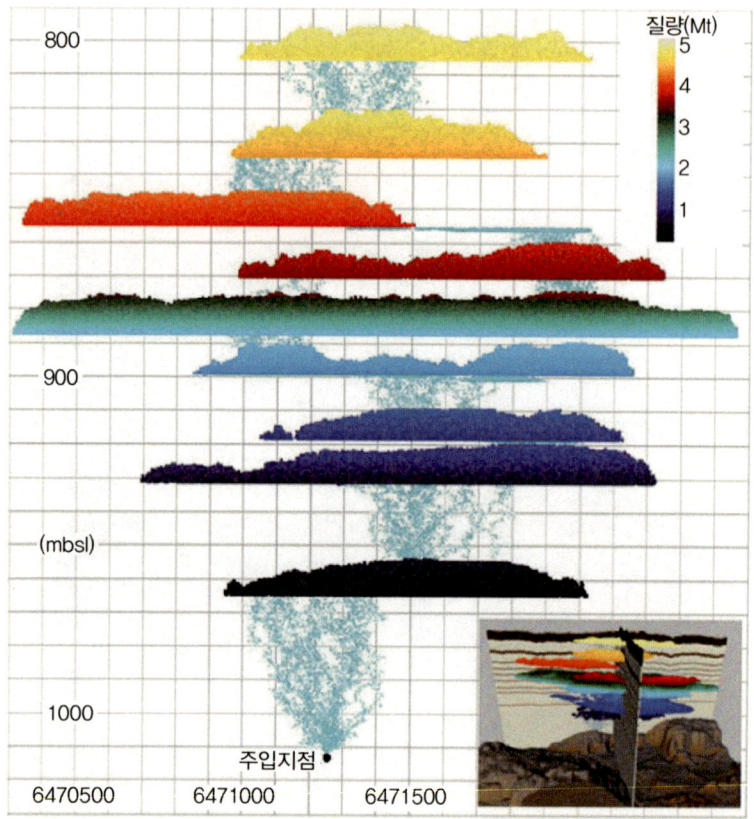

그림 2.40 Sleipner 저장 부지에서 스며듦 침투 모델링의 예(Cavanagh and Haszeldine, 2014). 2002년 7월까지 5백만 톤(Mt)의 CO_2가 주입된 상태임. 연한 파란색 선은 CO_2의 이동경로이며, 색상은 채워지는 순서와 질량을 표시함

본문 123p

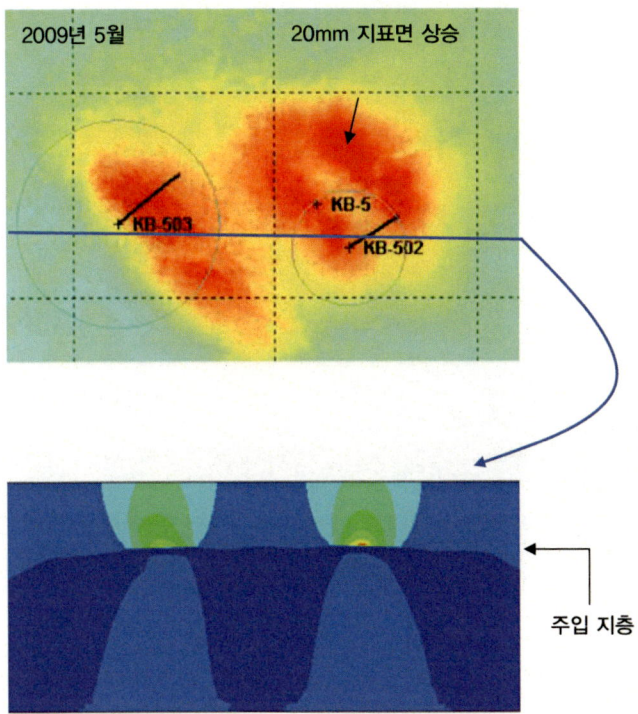

그림 2.51 In Salah CO_2 주입 사이트에서의 변형률 측정 개요
위: 두 수평 주입정(KB-502와 KB-503) 상부 지역에서 최대 20mm의 지표 상승을 보여주는 InSAR 관측 결과
아래: Gemmer 등(2012)이 제시한 지표면 상승에 상응하는 암석변형 모델. 단면의 수직 6km, 가로 15km이고 녹색은 팽창(양의 변형률)을 나타낸다.

본문 159p

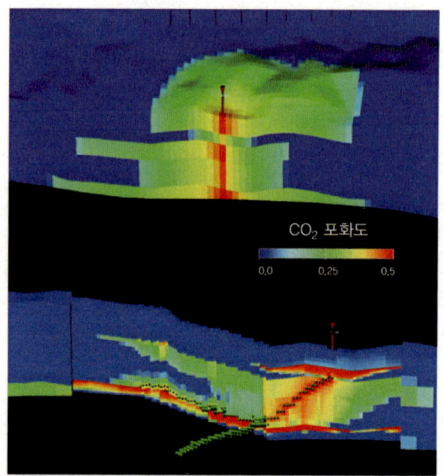

그림 3.6 Snøhvit 프로젝트(Tubåen 저류층) CO_2 플룸 시뮬레이션의 사례. 위: 기존 수직정 사용 시 주입 20년 후 CO_2 플룸 예측. 아래: 원거리 다중분기 주입정 이용 시 주입 20년 후 CO_2 플룸 예측. 수직 축척은 7배 과장되어 있으며 저류층의 두께는 80m임(Nazarian et al., 2013; ©Elsevier, 허가 후 재생산)

본문 185p

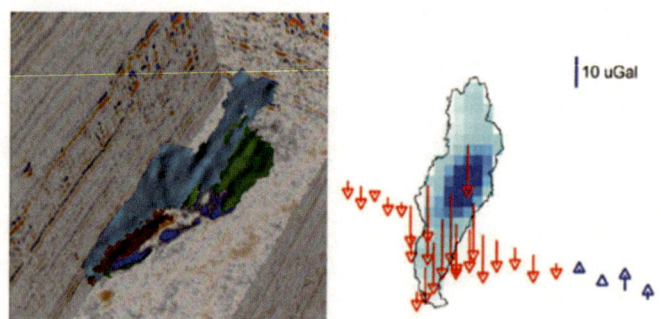

그림 3.17 Sleipner 프로젝트의 모니터링 자료들 예시. 왼쪽: 2013년 탄성파탐사 자료의 진폭 변화에서 예측한 다중 CO_2 저장층들. 오른쪽: 2002년에서 2013년까지의 중력장 변화에 대한 역산 결과로부터 분석한 전체 CO_2 두께 변화. 빨간색 화살표는 측정 중력장의 감소를, 파란색 화살표는 증가를 나타낸다. CO_2 두께 변화의 최댓값은 약 35m로 짙은 파란색 음영으로 표시됨. 왼쪽 그림은 Sleipner 프로젝트 운영사인 Equinor의 Anne-Kari Furre 제공 (Sleipner Production License의 허가를 받음). 오른쪽 그림은 Furre 등(2017)에서 수정

본문 186p

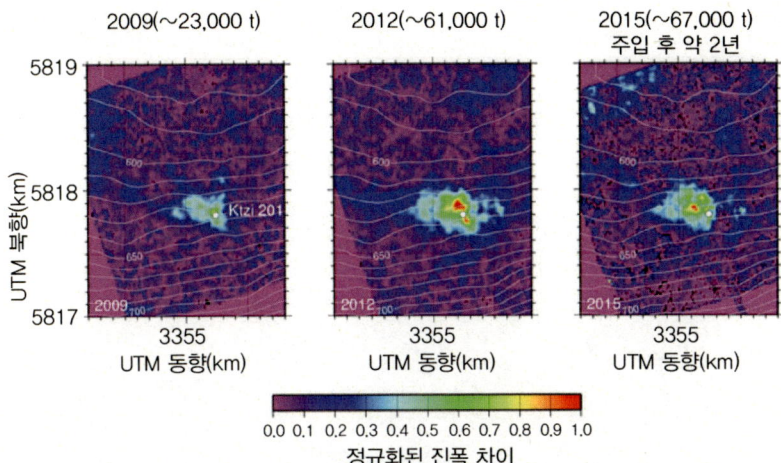

그림 3.18 Ketzin 부지에서 3회의 반복 탄성파탐사를 통해 파악한 저장층의 정규화된 진폭 변화 지도. 그중 마지막 탐사는 주입 후 2년이 지난 뒤에 수행되었음(Lüth 등(2015)에서 수정); Elsevier 허가 후 재생산)

본문 188p

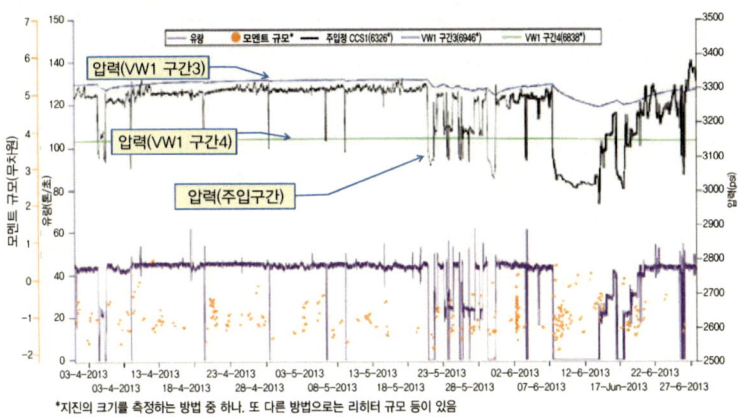

그림 3.19 IBDP CO_2 주입 프로젝트가 수행된 저류층 내 여러 심도에서의 압력 변화, 유체 주입유량, 모멘트 규모(미소진동) 자료(Ringrose 등(2017)으로부터; ⓒElsevier, 허가 후 재생산)

본문 194p

그림 3.21 해저 완결 후 대상 저장지층(초록색, 1,200m 심도)으로 CO_2를 주입하는 프로젝트에서 모니터링 시스템의 개념도. 견인 해양 스트리머 탄성파 자료 취득과 해저노드형수진기 배열(검은 점), 엄빌리컬 케이블(Umbilical cable)로 연결된(검은색 선) 공저 광섬유 모니터링(도시는 안 됨), 해저에서 전조등을 비추고 있는 자동수중잠수정(AUV)(Equinor 그림 제공)

01 Chapter

왜 이산화탄소를 지중에
공학적으로 저장해야 하는가?

Chapter 01

왜 이산화탄소를 지중에 공학적으로 저장해야 하는가?

1.1 기후변화와 탄소저감

현대 인류 문명사회에서 온실가스를 줄이는 것은 전 지구적으로 매우 중요한 사안이다. 이 도전적 과제에 대한 여러 해법 중 하나는 심부 지질암반층 내에 CO_2를 장기적으로 저장하는 것이다. 또 다른 주요 해법으로는 재생가능한 에너지원의 사용을 대폭 늘리고 에너지를 더욱 효율적으로 사용하는 방안을 들 수 있다. 이 책에서는 CO_2 지중저장의 개념과 관련된 기술을 다룬다. 여기서 제시하는 자료들은 기본적으로 노르웨이 과학기술대학(Norwegian University of Science and Technology, NTNU)의 'CO_2 지중저장의 운영과 보존(Operation and Integrity of Engineered Geological Storage of CO_2)'이라는 대학원 석사과정 수업을 위해 제작된 강의 자료들로서, 국제에너지기구 온실가스 연구개발 프로그램(IEA Greenhouse Gas R&D Programme, IEAGHG)의 하계강좌뿐만 아니라 CO_2 저장 분야로 전환하려는 전문가들을 위한 교과목 등 여러 단기강좌에서도 이용되어 그 유용성이 검증되었다. 이 책에서는 세부 내용이나 정확성이 요구되는 광범위하고 다학제적인 주제들에 대해서는 간단한 소개만 제공한다. 다만, CO_2의 공학적 지중저장은 향후 수십 년 동안 시급하게 필요한 기술이지만 상대적으로 복잡하지 않고 이미 확보된 기술이라는 사실만 명심하면 된다. CO_2 지중저장이라는 주제를 본격적으로 다루기에 앞서, CO_2 포집과 저장(CO_2 Capture and Storage, CCS)이 왜 필요한가에 대해 논의하고 이해할 필요가 있다.

1.2 화석연료 사용의 역사

1800년경부터 인류의 화석연료 소비량은 급속히 증가해 왔다. 산업혁명 시기에 석탄으로부터 시작해서 1950년 이후 석유와 천연가스를 추가로 사용하게 되면서 화석연료의 소비가 크게 증가하게 되었다. 화석연료를 주요 에너지원으로 사용한 결과, 지구 역사에서 5억여 년 동안 생성되었던 화석연료 매장량 중 상당한 양(대략 1/3)을 이미 소모해 버렸다. 참고로 석탄과 석유는 5.4억 년 동안 육상식물의 잔여물과 해양조류가 퇴적되어서 생성된 것이다.

전 지구적으로 CO_2를 배출해온 과정과 몇몇 가능한 미래 전망 시나리오를 비교(그림 1.1)하였다. 산업화와 석유시대 동안 화석연료 연소에 대한 인류 사회의 의존도가 증가하게 되면서 CO_2의 대기 배출이 더욱 가속화되었다는 것을 알 수 있다. 이제는 이러한 행동양식을 바꾸어 CO_2의 대기 배출량을 빠르게 줄여야 한다는 공감대가 전 세계적으로 널리 형성

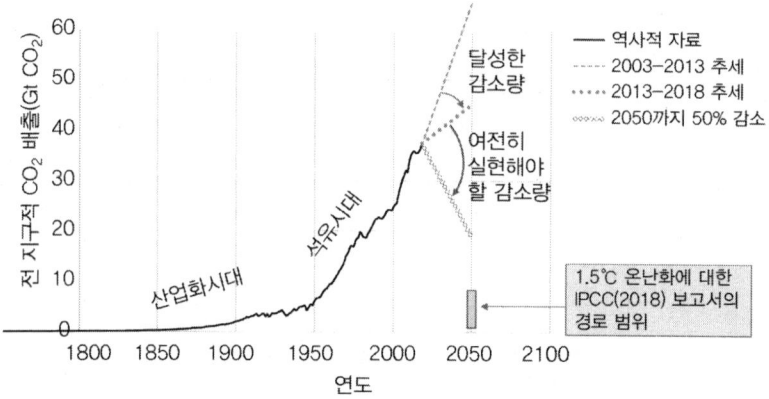

그림 1.1 전 지구적 CO_2 배출의 역사적 기록과 향후 예상되는 시나리오들 비교(자료 출처: https://cdiac.ess-dive.lbl.gov/의 2013년까지의 탄소 배출 자료와 https://www.wri.org의 2014~2018년까지의 예측). Stephenson 등(2019)의 그림을 수정

되어 있다. 지난 십여 년 동안, CO_2 배출 감소를 위한 많은 요구에도 불구하고 지금껏 달성한 것은 배출증가율의 완화수준에 머물러 있다. 2015년 파리 협약에서는 "이번 세기 후반 50년 동안 발생원인 인공적 배출과 흡수원인 제거 사이의 균형"을 달성목표로 설정하고 CO_2 배출을 극적으로 줄이기 위한 포부를 명확히 하였다(Paris Agreement, COP21, Article 4). 이를 달성하기 위해서는 2050년까지 CO_2 배출을 50% 이상 줄여야 할 뿐만 아니라, 지구 온도 상승을 1.5°C 이하로 유지하기 위한 조치들에 대한 구체적인 평가도 필요하다(IPCC, 2018). 이러한 조치들에는 2050년까지 약 80% 감소를 달성하기 위한 계획까지도 포함되어야 한다.

온실가스 배출 양상을 변화시키기 위한 우리의 행동은 일반적으로 '저탄소'/'녹색' 형태의 에너지를 주로 이용하는 '에너지전환'으로 요약할 수 있다. 에너지전환 달성 시나리오를 보여주는 가장 널리 알려진 모델은 쐐기모델(Wedge model)이다. 이 모델에서는 단계적인 재생에너지원 도입, 에너지 효율향상 수단 도입, 화석연료 배출 감소 기술 적용을 통해 에너지전환을 약 50년 내에 이룰 수 있다고 제시하고 있다(Pacala and Socolow, 2004). 에너지전환을 달성함에 있어서 인류 사회는 행동 패턴을 바꿔야 할 뿐만 아니라 전력생산, 운송, 산업 활동에서 새로운 기술들도 도입해야 한다. 인류는 이러한 에너지전환으로의 여정을 이미 시작하였지만 그 변화의 속도는 아직 너무 느리다.

온실가스 효과의 대부분은 CO_2에 의해서 발생하므로 '탄소 배출(Carbon emission)'과 '저탄소 에너지(Low carbon energy)'는 각각 'CO_2 배출'과 '온실가스 저배출'이라는 용어로 널리 사용된다. 메탄과 같은 다른 온실가스들의 배출량 또한 기여도를 CO_2의 양으로 환산(CO_2-equivalent)하여 CO_2e라는 용어로 표현함으로써 전체 온실가스 배출량에 포함할 수 있다.

에너지전환을 우리가 어떻게 달성해낼 수 있을지는 아직도 논란이 계속되고 있는 복잡한 문제이다. 이 문제에 대해서는 Stern(2007), Grubb(2014), Stocker(2014), Sachs(2015) 그리고 Stoknes(2015) 등이 의미 있는 논평들로 다루었다. 변화의 필요성에 대해서는 널리 공감하고 있지만 인류 사회의 에너지전환 달성 여부는 여전히 짐작이나 추측의 영역에 속한다. 그럼에도 불구하고 이 복잡한 문제는 변화와 실천에 대한 동기의 관점에서 더욱 간단하게 파악할 수 있다. IPCC 실무그룹은 이미 나타나고 있는 기후변화의 부정적 영향을 관측하며 인류가 야기하고 있는 기후변화의 심각성을 우려하고 있는데(Stocker, 2014), 이러한 지구온난화의 폐해를 피하고자 하는 것이 가장 주된 동기이다. 그러나 기본적으로 인류에 의한 기후변화는 훨씬 더 근본적 사안, 즉 '지구 대기의 보호 필요성'과 관련이 있다. 지구의 대기를 보호해야 하는 필요성과 시급성을 제대로 인식하기 위해서는 온실가스의 영향을 밝혀 온 과정을 살펴볼 필요가 있다.

1.3 온실가스 연구의 역사

프랑스의 수학자인 조세프 푸리에(Joseph Fourier)는 1824년에 태양복사만으로 설명할 수 없는 현재 지구의 지표면 온도가 지구 대기의 단열작용 때문이란 것을 규명했다. 만약 대기권의 단열효과가 없었다면 우리가 지금 알고 있는 지구에서의 삶은 존재하지 않았을 것이다. 지구 대기의 단열작용 개념은 스테판-볼쯔만(Stefan-Boltzmann) 법칙에서 전개되어 수식화되었다. 스테판-볼쯔만 법칙은 '흑체'라는 물질의 복사에너지 방출량은 온도의 네제곱에 비례한다는 것으로 태양계 행성에 대해서도 평형온도(T_{eq})의 개념으로 표현할 수 있다.

$$T_{eq} = \left[\frac{S(1-A)}{4\sigma} \right]^{1/4} \tag{1.1}$$

여기서 S는 태양상수, A는 본드 반사율(Bond albedo), σ는 스테판-볼쯔만 상수이다. 태양상수와 본드 반사율을 각각 1,366W/m²와 0.3으로 가정한다면 지구표면의 평형온도는 약 255K(-18℃)가 된다. 이 값은 현재의 지표면 평균온도(약 288K, 15℃)와 약 33℃ 차이가 나며 이를 대기의 온실효과로 설명하고 있다. 화성이나 금성의 온실효과와 지구 대기의 단열효과를 비교해 보면 지구생명체에게 있어 지구대기의 중요성을 더욱 잘 설명할 수 있다. 즉, 지구의 생물 체계(Biological system)는 지구라는 행성에서 적응하여 살아왔는데, 생물이 살 수 있는 지구 표면과 대기권인 생물권(Biosphere)의 상태를 결정함에 있어서 지구 대기가 필수적인 역할을 했다는 것이다.

1896년, 스웨덴의 화학자 스반테 아레니우스(Svante Arrhenius)는 달에서의 적외선복사 관측값을 사용함으로써 대기의 CO_2와 수증기에 의해 흡수되는 적외선복사의 수치를 스테판-볼쯔만 법칙으로 계산하여 '온실효과'를 정량화하는 최초의 연구논문을 발표하였다. 이 논문에서는 온도상승이 CO_2 농도의 로그값에 비례한다는 이론에 기초하여 온실가스 흡수 법칙을 다음과 같이 수학적으로 표현하고 있다.

$$\Delta F = \alpha \ln(C/C_0) \tag{1.2}$$

여기서 ΔF는 복사강제력(Wm^{-2}), α는 아레니우스 상수, C는 CO_2 농도, C_o는 교란되지 않은 CO_2의 기준농도이다. α의 범위를 5.3~6.3으로 가정했을 때, 산업화 이전 수준인 280ppm에서 현재 수준인 400ppm 이상까지 CO_2 농도가 상승함으로 인한 복사강제력의 범위는 1.8~2.2Wm^{-2}이 된다.

아레니우스의 연구는 CO_2의 계절적 변동효과를 제거하기 위해 천문학 자료를 활용하여 대기권에서 H_2O와 CO_2로 인한 대기권의 선택적 열흡수 효과를 독창적으로 정량화하였을 뿐만 아니라 전체적인 태양계의 관점에서 서로 다른 대기 가스의 효과도 설정했다는 점에서 주목할 만하다. 이러한 초기 연구에서 상당히 진전하여, 현재 대기과학 분야에서 온실가스 효과에 대한 연구주제는 다른 고도에서 대기권 복사와 흡수의 효과뿐만 아니라 해양의 순환과 탄소의 자연적 흡수원 및 공급원에 대한 피드백 메커니즘까지도 아우르고 있다. CO_2 외의 다른 미량기체(Trace gas)들인 메탄(Methane), 아산화질소(Nitrous oxide), 염화플루오르화탄소(Chloro-fluorocarbon), 오존(Ozone) 등도 온실가스 효과가 크다. 1750년에서 2011년의 기간 동안의 인위적 원인에 의한 전체 온실가스의 복사강제력 효과는 $2.29Wm^{-2}$으로 추정되었는데, 불확실성을 감안한 예측 범위는 $1.13~3.33Wm^{-2}$이다(IPCC, 2013).

20세기 동안 온실가스 효과에 대한 분석과 특정 온실가스 분자의 결정적인 역할에 대한 연구는 점진적으로 탄력을 받았다. 대기로부터 직접 측정하거나 빙하코어에 갇힌 공기로부터 대기 조성을 측정하는 방법들이 발달하면서 (지질학적으로 최근) 빙하기의 역사 및 지구 기후에 영향을 미치는 많은 인자들을 이용하는 개선된 모델을 구성할 수 있게 되었다. 인간이 야기한 온실가스 배출로 발생한 효과는 지구의 공전패턴에 대한 태양계의 영향, 태양 세기의 변화, 해양의 순환패턴, 화산폭발 등 다른 효과들과도 비교되어야 할 필요가 있다.

주요 온실가스로서의 CO_2의 중요성은 1958년 Mauna Loa 관측소에서 대기의 CO_2 농도자료를 수집하기 시작한 Keeling과 다른 연구자들의 주도로 새롭게 주목받았다(Keeling, 1978). Keeling 커브로 알려진 데이터 세트와 함께 빙하코어 자료로부터 측정한 CO_2 농도(그림 1.2)를 보면 산업화 시대에 인위적인 CO_2 배출로 인한 대기 중 CO_2 농도의 심각한 변화(그림 1.1)를 잘 알 수 있다. 지금까지 대기권 CO_2 농도는 산업화 이전 수준에 비해 거의 50%만큼 증가되었다.

이 보고서에서는 저탄소 에너지로의 전환을 시급히 달성해야 할 동

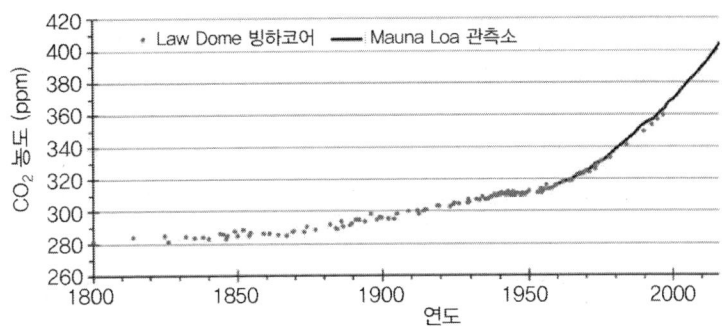

그림 1.2 서로 다른 2개의 자료에서 분석한 평균 연간 CO_2 농도의 변화: Law Dome 빙하코어 데이터세트(Etheridge et al., 1996; MacFarling Meure et al., 2006), Earth System Research Laboratory의 Mauna Loa 관측소 측정값(https://gml.noaa.gov/ccgg/trends/data.html)

기에 대해 몇 가지 중요한 시사점들을 제시하고 있다.

1. 인류역사에서 지난 수십 세기 동안 대기권을 있는 그대로 당연히 존재하는 것으로 받아들여 왔지만, 선구적 과학자들은 약 200년 전부터 온실가스의 영향을 평가하기 시작했다.
2. 화석연료의 연소라는 상대적으로 저렴한 에너지의 혜택을 누린 이후, 인류는 최근 수십 년 동안 CO_2 배출로 인한 부작용을 깨닫기 시작했다.
3. 화석연료를 연소해 CO_2를 대기로 무분별하게 배출해 온 관행은 대기권을 보호하기 위해서뿐만 아니라 인간에 의한 기후변화 영향을 피하기 위해서라도 시급히 바뀌어야 한다.

1.4 탄소 포집·저장(CCS)이 필요한 이유

왜 당장 화석연료 사용을 중단하고 재생에너지로 전환할 수는 없는 것일까? 장기적인 전략은 대기 중의 순 배출량을 거의 제로에 가깝게 만드는 것이며 재생에너지가 그 목표달성에 중요한 역할을 하게 될 것이다. 그러나 화석연료 소비량이 전 세계 에너지 공급의 약 80%를 차지하고 있으며 (IEA, 2016), 운송, 제조, 농업 부문에서 모두 화석연료 에너지에 크게 의존하고 있는 현 상황에서는 전환을 위한 시간이 필요하다. 또 재생에너지원의 간헐성(예: 풍력 및 태양광 에너지)을 감안하면 에너지 저장이나 에너지 믹스(메탄 및 수소 연소 포함)의 실현이 전제되어야만 재생에너지 중심의 성장이 가능하다는 것이 에너지전환의 또 다른 어려운 점이다.

이러한 어려움을 고려할 때, 저탄소 에너지믹스로 전환하기 위해서는 보다 실용적인 접근이 필요한데 이를 위한 가장 일반적인 전략은 '쐐기 모델 접근법'(Wedge model approach: Pacala와 Socolow가 2004년에 처음 제안)이다. 여러 병행 활동이 함께 작용하여 상당한 수준의 누적 효과를 달성한다는 쐐기모델은 쐐기수에 따라 다양해지는데 전 지구적 배출량 감소를 위한 주요 방법론은 다음과 같이 요약될 수 있다.

1. 에너지 효율성 향상
2. 새로운 재생에너지원 추가
3. 석탄 화력발전에서 천연가스 연소로 전환
4. CO_2 포집과 저장(CCS) 적용
5. 원자력 발전 확대

이러한 상호보완적인 에너지 대안들의 성장가능성에 대해서는 폭넓게 논의되고 있으며, IEA를 비롯한 많은 기관들이 관련 연구결과들을 발표하고 있다(예: IEA, 2015). 우리는 이 책에서 CCS에 한정하여 중점적으로 다루고자 한다. 전체 온실가스 감축목표를 달성하기 위해 CCS가 중요한 이유는 다음과 같다.

- CCS는 기존 전력공급과 산업(예: 시멘트 및 철강 제조) 모두에서 탈탄소화하는 메커니즘을 제공함
- CCS는 재생에너지원만 사용하는 것보다 빠르고 저렴한 비용으로 에너지전환을 달성할 수 있음
- 바이오에너지 연소와 함께 CCS를 적용하면 CO_2 배출 순손실 프로젝트를 구현할 수 있음

CCS 역할의 중요성은 미래 온실가스 배출 시나리오에 대한 여러 가지 심층 분석(IPCC, 2013; IEA, 2016; Peters et al., 2017; Ringrose, 2017)과 최근 IPCC의 지구온난화 1.5°C 특별보고서(IPCC, 2018)에서 논의되어 왔다. 그러나 CCS에 반대하는 다양한 주장도 있다는 점에 유의해야 하는데 대표적으로는 ① CCS로 인해 화석연료 사용을 오히려 필요 이상으로 오래 지속하게 될 것이라는 주장과 ② CCS의 비용이 아직은 너무 비싸다는 점 등이다. 그러나 이 논쟁에 대한 견해와는 상관없이 에너지전환 과정에서 어느 정도는 CCS를 적용할 필요성이 있다는 의견이 거의 모든 예측에서 지배적이다. 핵심요소는 실제로 얼마나 많은 CCS가 실현될 것인가 하는 의문이다.

2019년 기준 전 세계에서 19기의 대규모 CCS 시설이 운영 중이고 추가로 4기가 건설 중인데, 이 시설들의 총 저장용량은 연평균 36 백만 톤(Mt)이다(GCCSI, 2019).[1] 현재 계획 중인 CCS 프로젝트를 고려할 때, 이 용량은 2030년경에 연간 100Mt으로 증가할 것으로 전망된다. 그러나 파리 협정(COP21, 2015)에 따른 온실가스 감축 목표를 실현하기 위해서는 저장용량 수준을 최소 10배 이상 증가시켜야 한다. 전 세계적인 CCS 프로젝트의 실제 성장률이 어떻든 간에 핵심은 온실가스 저감의 근본적인 개념에 따라 포집한 CO_2를 지하에 저장하고 대기와 격리시켜야 한다는 사실이다. 따라서 온실가스 저감 기술로 CO_2 지중저장 기술이 중요하며 이 책에서는 이에 대해 중점적으로 논의하려 한다.

1.5 탄소 포집 · 저장 기술 소개

CCS는 CO_2를 산업적 처리공정에서 제거한 후 지중에 주입하여 대기로부터 CO_2를 격리하는 일련의 기술적 해결책을 일컫는다. '탄소포집저장(Carbon Capture and Storage)'과 '탄소격리(Carbon sequestration)'라는 용어는 동의어로 사용된다. **탄소포집**은 주로 대기로 방출하는 배출원(발전소, 가스처리시설, 철강 및 시멘트 제조 등 산업 공장)에서 CO_2를 제거하는 처리공정을 뜻한다. 움직이는 배출원(주로 운송수단)이나 대기에서 CO_2를 직접 포집하는 것은 가능하지만 온실가스 배출의 저감량 측면에서는

---

[1] **역주**: GCCSI는 2024년 보고서에서 업데이트하였다 - 2023년 기준, 운영 41기, 개발 26기, 연평균 저장용량 49Mt

그 효과가 미미하다. 그러나 대기포집 기술의 확장과 바이오연료(Biofuel)에서의 CO_2 포집에 대한 수요가 증가하고 있기 때문에 미래에는 CO_2 포집 기술이 더욱 중요해질 것이다.

CO_2 지중저장[2]은 CO_2를 수천 년간 대기로부터 격리하는 장기간의 지질학적 저장을 의미한다. 이 처리공정은 보통 다음과 같은 이유로 영구적 처분(Disposal)으로 일컬어진다.

- CO_2는 탄소순환의 중요한 부분으로서 단순한 폐기물이 아니다.
- 대기로 배출된 바람직하지 않은 CO_2는 원론적으로 수천 년 동안 대기로부터 격리되기만 하면 된다.
- 장기적으로 안전한 CO_2의 지중저장을 입증하는 것이 가능하지만 영구적인 처분을 보장하는 것은 매우 어렵다.

그렇다면 CCS와 관련된 주요 기술들은 무엇인가? 포집, 운송, 저장의 세 가지 필수적인 과정이 있다(이 과정과 관련된 주요기술들을 그림 1.3에 요약하였다). 이 책의 초점은 CO_2의 지중저장이므로 CO_2 포집기술에 대해서는 핵심만 이해하면 되지만 운송은 저장과 밀접한 관련이 있으므로 저장에 따른 운송기술은 명확히 이해할 필요가 있다.

CO_2 포집기술은 여러 가지 방법으로 분류할 수 있다. 첫째, 포집 시기에 따라 연소 전과 후로 구분하는 것이다. 연소 전 포집기술은 CO_2의 비율

---

[2] 역주: 2025년 2월 7일 시행된 「이산화탄소 포집·수송·저장 및 활용에 관한 법률」 제2조(정의) 3호에서는 '저장'을 다음과 같이 정의한다 - '저장'이란 포집한 이산화탄소가 대기 중으로 누출되지 않도록 국내외 육상 또는 해양 지중에 주입하여 대기와 영구적으로 격리하는 것을 말한다.

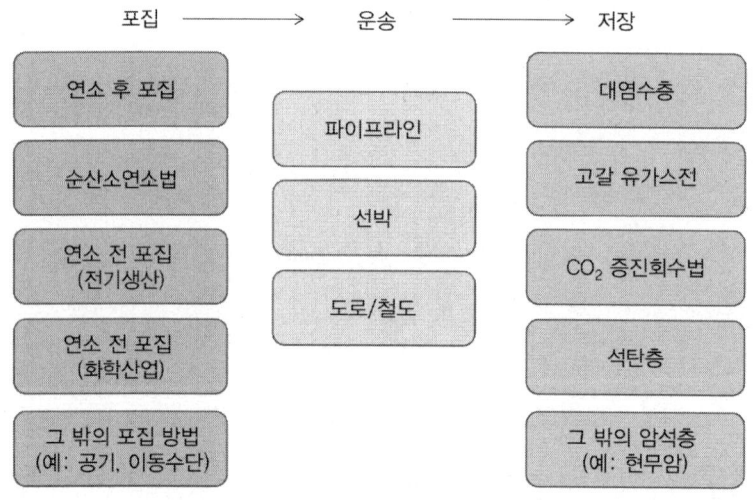

그림 1.3 CCS 기술의 개요

이 높은 혼합가스를 연소시키기 전에 혼합가스에서 CO_2를 제거하여 포집하는 것이다. 이것은 천연가스 연료에서 CO_2를 제거하는 것뿐만 아니라 산업의 화학공정(비료공장)에서의 부산물인 CO_2를 제거하는 것도 포함한다. 연소 후 포집기술은 연료의 연소 공정 후에 발생하는 연소가스에서 CO_2를 포집하는 것이다.

둘째, 포집 공정과정에서 가스를 분리하는 데 사용하는 물리화학적(Physio-chemical) 처리공정에 기초하여 포집기술을 분류할 수 있다.

- 습식포집: 용매(Solvent) 기반 흡수액(Absorption liquid)
- 건식포집: 흡착제(Sorbent) 기반 고체입자(Solid particle)
- 극저온: 가스성분에 따라 서로 다른 응축온도를 이용
- 분리막(Membrane) 포집: 고체형의 화학 차단막

또 다른 중요한 CO_2 포집법으로 순산소연소법이 있는데, 이는 공기 분리와 탈질소 공정을 함께 사용하여 연소 전에 공기 중의 질소를 제거함으로써 고순도의 CO_2가 생산되게 하는 것이다. 이러한 각각의 기술적 포집방법마다 연소 전/후 모두 적용할 수 있기 때문에 포집기술의 분류체계는 복잡하다(Herzog 등(1997), Feron과 Hendris(2005), MacDowell 등(2005)은 주요 CO_2 포집기술을 정리하였다).

지금까지 상업적으로 가장 널리 적용되어 온 CO_2 포집공정은 모노-에탄올-아민(Mono-Ethanol-Amine, MEA)을 용매로 사용하는 흡수액 기반 기술이다. MEA 용매는 70여 년 전에 개발된 후 용매의 분해와 장비의 부식을 막기 위해 다양한 억제제를 사용하는 등 포집효율 향상을 위해 여러 차례 변형된 형태로 개질되어 왔다. 아민 분리공정(그림 1.4)에는 두 개의 주요 화학공정이 적용된다. 하나는 가스로부터 CO_2를 추출하는 흡착기이고 다른 하나는 용매로부터 CO_2를 추출하는 탈착기이다. 이 공정의 다른 요소들에는 용매 재생산, 펌프, 열교환, 여과, 응축, 가스압축 등이 있

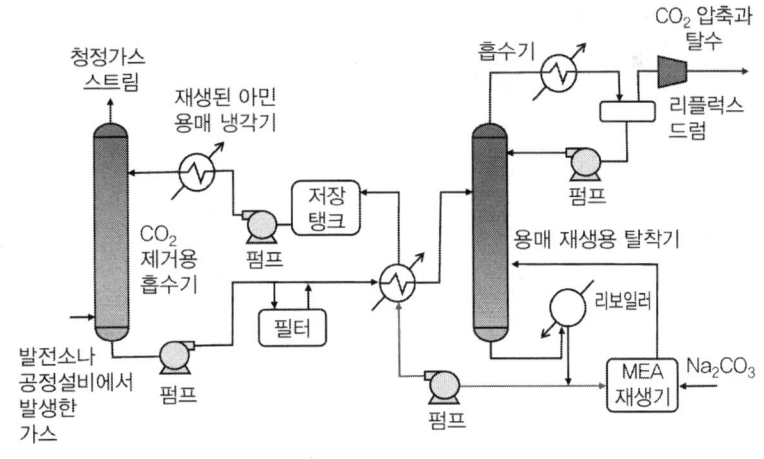

그림 1.4 아민 분리 공정에 의한 CO_2 포집(Herzog et al., 1997)

다. 이 공정은 꽤 복잡하지만 에너지 집약도 측면에서는 매우 효과적이다 (가열 및 압축). 아민 기반의 CO_2 포집공정에 대한 연구개발은 CO_2를 효과적으로 흡수하고 에너지 사용량을 줄이며 아민 용액을 효과적으로 재사용하는 데 초점을 맞추고 있다. 장기적인 관점에서 잠재력이 높은 건식포집, 극저온처리, 분리막 등의 대안 기술들이 있지만, 지금까지 산업공정에서는 아민 기반의 연소 후 포집법이 순산소연소 및 분리법과 함께 가장 널리 사용되고 있다.

CO_2 저장이라는 관점에서는 근본적으로 포집 플랜트의 산출물이 주요한 관심사이며 이에 대해서는 다음과 같은 질문이 있을 수 있다. CO_2 포함 가스의 조성, 압력, 온도 그리고 유량은 어떠한가? 또한 운송시스템을 통해 얼마나 일정하게 공급할 수 있는가?

CO_2 운송기술은 포집한 CO_2 가스(또는 액체)를 적절히 취급하여 지중저장 현장으로 운송(파이프라인, 배, 탱커 등을 이용)하는 기술을 모두 포함한다. 운송기술은 아주 단순한 문제처럼 보이지만 다음과 같이 CO_2의 운송이 다른 가스나 액체의 운송보다 더 어려운 몇 가지 요소들이 있다.

- CO_2는 상변화를 수반하는 열역학적 특성이 있다. 가스상태, 액체상태, 초임계상태의 운송은 CCS시스템에서 모두 발생할 수 있다.
- 수분이 포함된 CO_2는 부식성이 강하다.
- CO_2가 풍부한 유동가스는 CO_2 처리를 어렵게 하는 다양한 성분의 가스(주로 탄화수소, 질소, 산소)를 포함하고 있다.
- CO_2의 운송과 유동성 확보 기술의 성숙도는 상대적으로 여전히 높지 않다.

CCS 개요의 마지막 부분에서는 다섯 가지로 나열한 CO_2의 저장방안의 개념(그림 1.5)에 대해 검토하고자 한다. 대용량 저장의 측면에서 각 저장방안의 상대적인 유망성을 다음과 같이 요약할 수 있다.

1. **대염수층**: CO_2의 저장용량이 가장 큰 대상으로 심부의 지층수로 구성된 대염수층이다. 이것을 천부의 음용수를 포함하는 대수층과 구분하기 위해 '심부 염수 저류층(Deep saline reservoir formation)'이라는 용어를 사용하기도 한다(대염수층이 더 포괄적인 용어로 널리 사용됨).
2. **고갈된 오일(또는 가스) 저류층**: 이 저장방법은 장기적으로 유망성이 가장 크다. 저류층에서 오일과 가스를 생산하는 과정에서 저류층

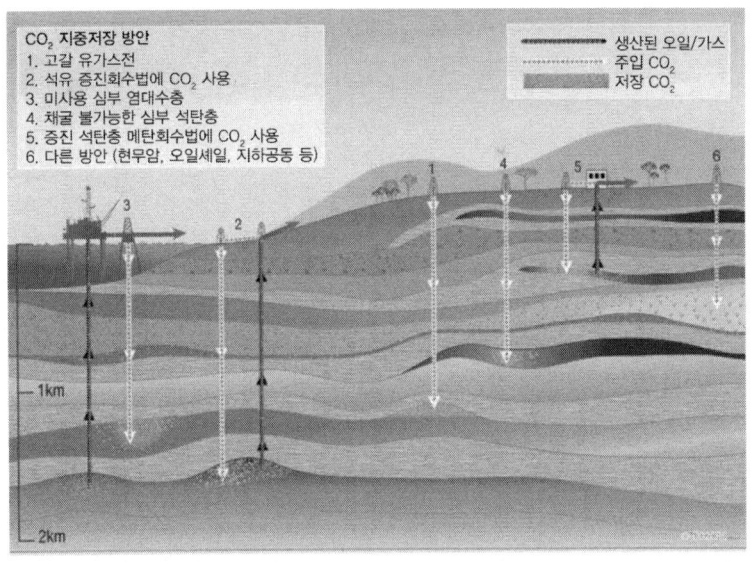

그림 1.5 다양한 CO_2 지중저장 방안의 개요(ⓒCO2CRC, CO2CRC Ltd의 허가받은 이미지)(p.xiii 컬러 그림 참조)

의 특성이 잘 규명되어 있을 뿐만 아니라 이미 현장에 중요 기반시설도 설치되어 있기 때문이다. 생산과정에서 감소된 지층압이 운영과정에서는 어려움을 줄 수 있지만 압력 관리 측면에서는 유리할 수도 있다.

3. **CO_2를 이용한 석유의 증진회수(CO_2-EOR) 프로젝트의 일부로서 저장**: 석유의 증진회수법[3]을 위한 주입유체로 CO_2를 사용할 때, 노후 유전에 주입한 CO_2 중 일부는 지하에 잔류하여 저장된다. CO_2 증진회수법은 CO_2의 경제적 사용이라는 CO_2 포집·활용·저장(Carbon Capture, Utilization and Storage, CCUS) 개념을 보여주는 중요한 사례이다. CO_2를 경제적으로 사용하게 되면 프로젝트의 경제성을 향상시켜 대규모 CO_2 포집·저장 분야의 성장을 촉진할 수 있다.

4. **석탄층 저장**: 채굴할 수 없는 탄층에 CO_2를 저장하거나 석탄층 메탄의 증진회수[4] 프로젝트의 과정에서 CO_2를 석탄층에 저장할 수 있다. 이 방안을 무시할 수는 없지만 저장용량은 다른 저장방안에 비해 상대적으로 미미하다.

5. **그 밖의 다른 암석층**: 화산암(특히 현무암), 지하 동굴, 셰일층과 같은 지하의 지질학적 매체에 CO_2를 지중저장하자는 제안이 있다. 이러

---

[3] 역주: 석유개발 산업에서 원유의 회수율을 높이는 기술. 화학물질(폴리머, 계면활성제, 알칼리 등), 가스(메탄, CO_2), 열 등을 저류층에 주입하여 원유의 점도를 낮추거나 압력을 상승시키는 등의 작용으로 저류층 내 원유가 더 잘 흐를 수 있게 하는 원리를 이용함. 저류층의 자연압력을 사용해서 생산하는 1차회수, 물을 주입하여 생산하는 2차회수와 구분하여 3차회수라고도 함
[4] 역주: CO_2 분자가 CH_4 분자에 비해 석탄층에 더 잘 흡착되는 성질을 이용하여 CO_2를 석탄층에 주입하여 석탄층의 CH_4를 탈착시켜 생산하는 기법(Enhanced coalbed methane)

한 방안 중 일부는 무기물과의 상호작용을 통해 고체형태로 CO_2를 영구히 흡착하는 방법을 포함하고 있다. 예를 들면 사문석과 같은 규산마그네슘(Magnesium silicate) 암석은 CO_2와 물이 함께 반응하여 탄산염 무기물을 생성한다. 또한 CO_2 하이드레이트[5](가스하이드레이트 포접화합물)도 장기적인 CO_2 저장기법으로 제안되고 있다(Zatsepina and Pooladi-Darvish, 2012).

다양한 저장방안에 대한 상대적인 장점과 성공적인 실행을 위한 실무작업에 대해서는 이 책의 후반부에서 다루고자 하며 CO_2 저장의 개념에 대한 자세한 설명은 Holloway(1997), Benson과 Surle(2006) 그리고 Cooper 등(2009)을 참조하길 바란다.

그 밖의 자연적 CO_2 저장 메커니즘들(예: 해양 저장, 생물권 저장, 무기물 저장 등)은 지구의 탄소순환에서 매우 중요한 부분이지만 그 속도가 너무 느려서 공학적인 CO_2 저장과 같이 실용적이지는 않다. CO_2를 심부 지층에 저장하는 것을 온실가스 배출을 줄이고 제어하는 실용적인 방안으로 폭넓게 받아들이고 있기 때문에(Benson and Surles, 2006), 이 책에서는 심부 암석층에 CO_2를 저장하는 것에 초점을 맞출 것이다. 인류가 초래한 바람직하지 않은 온실가스의 배출은 인류가 올바르게 저장함으로써 상쇄할 수 있어야 한다. 이것을 가능하게 하는 것이 바로 '**CO_2의 공학적 지중저장(Engineered geological storage of CO_2)**'이다.

---

[5] **역주**: 저온고압 조건에서 물 분자가 CO_2 분자를 포획하여 형성하는 고체 화합물

Reference

Benson SM, Surles T (2006) Carbon dioxide capture and storage: an overview with emphasis on capture and storage in deep geological formations. Proc IEEE 94(10):1795–1805

Cooper C (Ed) (2009) A technical basis for carbon dioxide storage: London and New York. Chris Fowler Int 3–20. http://www.CO2captureproject.org/

COP21 (2015) United Nations Climate Change Conference, Paris, France, 30 Nov. to 12 Dec. 2015. 21st yearly session of the Conference of the Parties (COP) to the 1992 United Nations Framework Convention on Climate Change (UNFCCC) and the 11th session of the Meeting of the Parties (CMP) to the 1997 Kyoto Protocol

Etheridge DM, Steele LP, Langenfelds RL, Francey RJ, Barnola J-M, Morgan VI (1996) Natural and anthropogenic changes in atmospheric CO_2 over the last 1000 years from air in Antarctic ice and firn. J Geophys Res 101(D2):4115–4128. https://doi.org/10.1029/95JD03410

Feron PHM, Hendriks CA (2005) CO_2 capture process principles and costs. Oil Gas Sci Technol 60(3):451–459

GCCSI (2019) GCCSI CO2RE database: 2019. Global CCS Institute. https://co2re.co

Grubb M (2014) Planetary economics: energy, climate change and the three domains of sustainable development. Routledge

Herzog H, Drake E, Adams E (1997) CO_2 capture, reuse, and storage technologies for mitigating global climate change: a white paper. Massachusetts Institute of Technology Energy Laboratory, Cambridge

Holloway S (1997) An overview of the underground disposal of carbon dioxide. Energy Convers Manag 38:S193–S198

IEA (2015) Carbon capture and storage: the solution for deep emissions reductions. International Energy Agency Publications, Paris

IEA (2016) 20 years of carbon capture and storage: accelerating future deployment. https://www.iea.org/publications

IPCC (2013) Summary for policymakers. In: Climate change 2013: the physical science basis. In: Stocker TF, Qin D, Plattner G-K, Tignor M, Allen SK, Boschung J, Nauels A, Xia Y, Bex V, Midgley PM (eds) Contribution of Working Group I to the fifth assessment report of the intergovernmental panel on climate change. Cambridge University Press, Cambridge, United Kingdom and New York, NY, USA

IPCC (2018) Summary for Policymakers. In: Masson-Delmotte V, Zhai P, Pörtner H-O, Roberts D, Skea J, Shukla PR, Pirani A, Moufouma-Okia W, Péan C, Pidcock R, Connors S, Matthews JBR, Chen Y, Zhou X, Gomis MI, Lonnoy E, Maycock Y, Tignor M, Waterfield T (eds) Global Warming of 1.5 °C. An IPCC Special Report on the impacts of global warming of 1.5 °C above pre-industrial levels and related global greenhouse gas emission pathways, in the context of strengthening the global response to the threat of climate change, sustainable development, and efforts to eradicate poverty. World Meteorological Organization, Geneva, Switzerland, 32 pp

Keeling CD (1978) The influence of Mauna Loa Observatory on the development of atmospheric CO_2 research. In: Mauna Loa observatory: a 20th anniversary report. National Oceanic and Atmospheric Administration Special Report, pp. 36-54

MacDowell N, Florin N, Buchard A, Hallett J, Galindo A, Jackson G, Adjiman CS, Williams CK, Shah N, Fennell P (2010) An overview of CO_2 capture technologies. Energy Environ Sci 3(11):1645-1669

MacFarling Meure C, Etheridge D, Trudinger C, Steele P, Langenfelds R, van Ommen T, Smith A, Elkins J (2006) Law Dome CO_2, CH_4 and N_2O ice core records extended to 2000 years BP. Geophys Res Lett 33:L14810. https://doi.org/10.1029/2006 GL026152

Pacala S, Socolow R (2004) Stabilization wedges: solving the climate problem for the next 50 years with current technologies. Science 305(5686):968-972

Peters GP, Andrew RM, Canadell JG, Fuss S, Jackson RB, Korsbakken JI, Le Quéré C, Nakicenovic N (2017) Key indicators to track current progress and future ambition of the Paris Agreement. Nat Clim Change 7(2):118-122

Pollack JB (1979) Climatic change on the terrestrial planets. Icarus 37(3):479-553

Ringrose PS (2017) Principles of sustainability and physics as a basis for the low-carbon energy transition. Pet Geosci 23(3):287-297

Sachs JD (2015) The age of sustainable development. Columbia University Press. ISBN 9780231173148

Stephenson MH, Ringrose P, Geiger S, Bridden M (2019) Geoscience and decarbonisation: current status and future directions. Pet Geosci. https://doi.org/10.1144/petgeo2019-084

Stern N (2007) The economics of climate change: the Stern review. Cambridge University Press

Stocker TF (ed) (2014) Climate change 2013-the physical science basis. Working Group I contribution to the fifth assessment report of the intergovernmental panel on climate change. Cambridge University Press

Stoknes PE (2015) What we think about when we try not to think about global warming: toward a new psychology of climate action. Chelsea Green Publishing

Zatsepina OY, Pooladi-Darvish M (2012) Storage of CO_2 as hydrate in depleted gas reservoirs. SPE Reservoir Eval Eng 15(01):98-108

02 Chapter

이산화탄소 지중저장의 원리, 저장용량, 제약조건은 무엇인가?

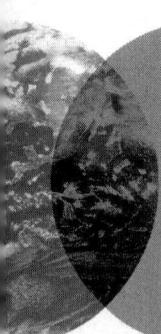

Chapter 02

이산화탄소 지중저장의 원리, 저장용량, 제약조건은 무엇인가?

2.1 기술요약

이 장에서는 CO_2의 지중저장과 관련된 주요 메커니즘을 소개하고, 심부지층에 CO_2를 대규모로 저장하는 방안의 타당성을 설명한다. 또한 CO_2 저장용량에 대한 평가와 CO_2 저장 프로젝트의 이론적 또는 실무적인 제약 사항들을 분석한다. 이 장의 주요 주제는 다음과 같다.

- CO_2의 지질학적 저장에 관한 주요 메커니즘
- CO_2 저장용량 산정법
- 지중저장에 관한 물리적 한계점 평가(유동역학, 주입성, 지구역학적 제약조건을 포함)

2.2 이산화탄소 지중저장의 개념

지중저장의 기본개념은 CO_2 배출원이 있는 장소에서 인위적으로 포집한 CO_2를 지하 암석층에 저장하여 대기로부터 격리시키는 것이다. CO_2를 장기적으로 지중저장에 이용할 수 있는 암반구조는 다공성 저류층[1]으로, 원래는 물, 석유 또는 가스를 함유하고 있었던 지층이다. 지중저장의 대상이 되는 다공성 저류층은 다음과 같이 두 가지 대표적인 유형이 있다.

- 대염수층[2]
- 고갈 유가스전[3]

위의 두 가지 유형에 비해 저장용량 면에서는 보편성이 조금 부족한 다공성 암석층의 유형으로 석탄층, 셰일층, 화산암, 지하 공동 등이 있을 수 있다. 이 책의 내용은 대염수층과 고갈 유가스전을 중심으로 구성되어 있지만, 이 책에서 설명하는 대부분의 개념들은 위에서 언급한 보편적이지 않은 저장소나 CO_2 증진회수법(CO_2-EOR)에도 동일하게 적용된다.

두 번째로 고려해야 할 지중저장의 기본개념은 CO_2를 상대적으로 깊은 곳(약 800m 이상)에 저장해야 한다는 것이다. 이는 CO_2를 고밀도의 형태, 즉 액체 또는 초임계상태[4]로 지중에 잔존시키기 위해서이다(그림 2.1).

---

1 **역주**: 암석층의 암석입자 사이에 충분한 공간이 있어 유체를 포함할 수 있는 지층
2 **역주**: 지하심부에는 지하수가 다량의 염분을 포함하고 있어 이를 함유한 대수층을 일반적으로 대염수층으로 통칭함
3 **역주**: 유가스전에서 석유 또는 가스의 생산량이 감퇴하여 경제성이 낮아진 저류층을 뜻함
4 **역주**: 임계점을 초과한 조건에서 기체와 액체의 특성을 동시에 가지는 상태. 밀도는

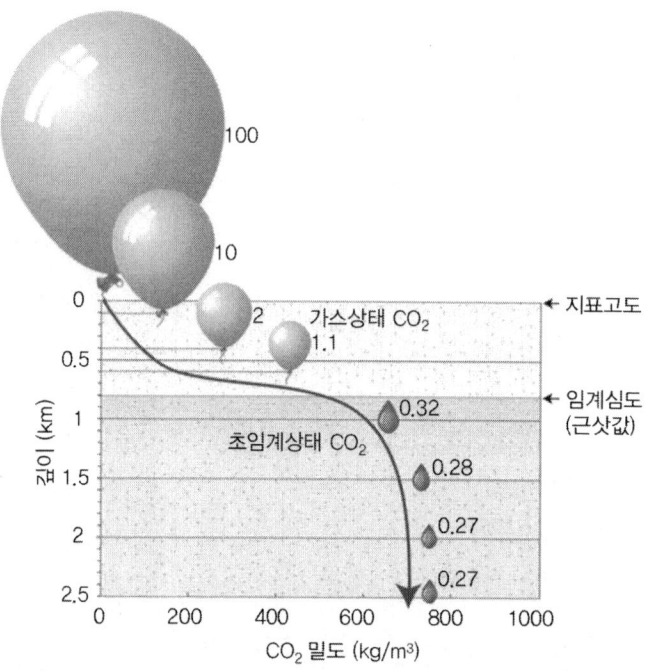

그림 2.1 깊이에 따른 CO_2 밀도변화(©CO2CRC, CO2CRC Ltd의 허가받은 이미지)

CO_2의 저장형태는 저장효율성의 관점에서 중요하며 더 높은 밀도는 더 효과적인 저장이 가능함을 의미한다. 따라서 CO_2 지중저장소의 요건으로 약 800m 이상의 심도를 원칙으로 널리 받아들이고 있다(액체 CO_2로의 상태변화는 지열과 지열구배[5]에 따라 달라질 수 있음).[6] 또한 지중저장 심도는 저장 안정성의 중요한 요소로서 세 번째 기본개념인 CO_2의 장기적이고 안전한 격리의 필요성과 연관이 있다. 심도가 약 1km 이상이 되면 암석층은

액체와 유사하지만 점도는 낮고 확산성은 기체에 가까운 상태
5   **역주**: 지열과 지열구배는 각각 지층의 온도와 깊이에 따른 지열의 변화율을 뜻함
6   **역주**: 일반적으로 지하의 온도와 압력이 CO_2의 고밀도를 보장하는 초임계상태가 되는 심도

다져지고 고결되므로 유체투과도가 낮은 지층(예: 셰일, 단층, 암염층)일 가능성이 높아진다.[7] 이 정도의 심도에서는 천연가스가 지질학적으로 차폐된 공간에서 누출 없이 수백만 년 동안 포획될 수 있다는 사실을 경험적으로 알고 있으므로 CO_2도 장기적으로 지중에 저장될 가능성이 높다.

북해 분지의 개념적인 층서도[8](그림 2.2)를 보면 상부의 이암층에 의

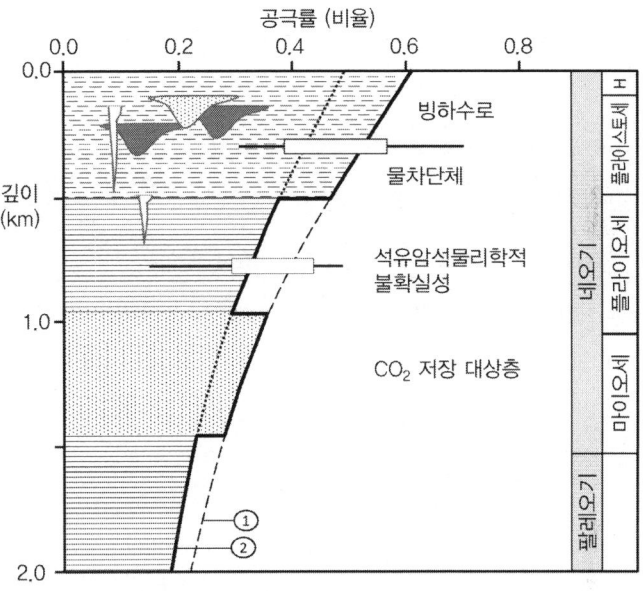

그림 2.2 북해 분지의 대표적인 천부 층서구조의 개념도. 일반적으로 마이오세 저장 대상층은 주요 격리 시스템을 형성하는 플라이오세 이암층에 의해 차폐된다. 플라이스토세 층서를 덮고 있는 천부의 빙하채널과 물차단체의 역할은 저장격리성을 보장하는 핵심 이슈가 될 것이다. 공극률은 (1) Sclater와 Christie(1980), (2) Marcuseen 등(2010)에 근거하여 작성된 것이다. 천부 분지 층서(1,000m 미만)의 실제 공극률과 유체투과도는 가변적이며 불확실하기 때문에 부지조사 연구를 통해 결정되어야 한다.

---

7 **역주**: 유체투과도가 낮은 지층은 저장하는 CO_2의 누출을 방지하는 역할을 수행하기 때문에 차폐성의 측면에서 중요하다.
8 **역주**: 퇴적 지층이 시간의 순서에 따라 쌓인 과정을 나타내는 지질학적 개념을 심도에 따라 도시화한 것

해 차폐되는 CO_2 지중저장 대상층을 지중저장 시스템으로 활용할 수 있음을 알 수 있다. 개별 차폐지층의 물성은 부지조사와 평가를 통해 파악하여야 한다.

일단 대상층이 지중저장소의 기본개념인 심도가 깊고 차폐된 다공성 암석층임이 확인되었다면 그 적합성을 구체적으로 평가할 수 있다.

CO_2 지중저장 프로젝트를 수행하기 위해서는 다음의 질문이 필수적이다.

- 어디에 CO_2를 저장할 것인가?
- 얼마나 많은 CO_2를 주입할 수 있는가?
- 안전하게 저장할 수 있는가?
- 비용대비 효율적으로 저장할 수 있는가?

이러한 질문들은 프로젝트에 따라 아래의 세 가지 지중저장 핵심개념(쟁점)들로 구체화할 수 있다(그림 2.3).

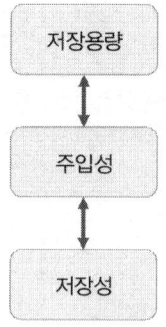

그림 2.3 저장의 세 가지 핵심개념

- **저장용량**(Capacity): 전체 프로젝트 기간 동안 주입에 필요한 CO_2 저장 공간이 있는가?
- **주입성**(Injectivity): 활용 가능한 주입정을 통해 충분한 유량의 CO_2를 주입할 수 있는가?
- **저장성**(Containment): CO_2가 주입된 지층에 계속 저장되어 있을 것인가? 아니면 다른 암석층으로 이동하거나 지상으로 누출될 것인가?

다음 절에서 이 세 가지 기술적인 쟁점을 좀 더 자세히 다루고자 한다. 이 시점에서 위의 핵심 질문을 다음 CO_2 지중저장 프로젝트의 네 단계와 연관시켜 논의할 필요가 있다(그림 2.4).

1. 부지선정과 저장소[9] 개발
2. 저장소 운영
3. 저장소 폐쇄
4. 폐쇄 후 관리

저장과 관련된 세 가지 주요 쟁점은 모든 단계에서 중요하지만 단계별로 특히 집중하여야 할 점은 각각 다르다. 부지선정 단계에서는 저장용량이 가장 결정적인 쟁점이며, 현장운영에서는 주입성, 저장소 폐쇄 및 폐쇄 후 관리 단계에서는 저장성이 우선시된다.

---

9 **역주**: 2025년 2월 7일 시행된 「이산화탄소 포집·수송·저장 및 활용에 관한 법률」 제2조(정의) 6호에서는 '저장소'를 다음과 같이 정의하고 있다 – '저장소'란 포집한 이산화탄소를 대기 또는 해양으로 누출되지 아니하도록 육상 또는 해양 지중에 저장하기 위한 장소로서 대통령령으로 정하는 기준에 적합한 장소를 말한다.

| 부지선정 & 개발 | 운영 | 폐쇄 | 폐쇄 후 |

그림 2.4 CO_2 저장 프로젝트의 주요 단계(Cooper et al., 2009에서 발췌. CO_2 capture project의 허가 후 재생산. www.CO2captureproject.org/)

또한 부지선정 및 저장소 개발 단계에서는 평가와 계획의 성숙도(Maturity)와 정밀성(Refinement)이 점진적으로 향상되어야 한다는 원칙이 있다. 즉, 광역적 매핑, 부지조사, 탐사정 및 평가정[10]의 굴착[11]을 통해 더 많은 자료가 수집되면서 저장용량, 주입성, 저장성에 대한 불확실성이 점차 허용 가능 수준으로 감소하게 된다. 이때 프로젝트의 주요 단계로 진행하거나 저장소 운영 여부를 결정하게 되는데, 개발 및 매핑 과정에서 핵심 쟁점 중 하나라도 일정 기준 이하로 떨어진다면(예: 저장용량이나 주입성이 기대한 것보다 적거나 격리효과가 부족할 경우), 해당 부지는 지중저장소 대상 후보군에서 제외된다.

암반은 본질적으로 복잡하여 지중저장 시스템과 저장용량을 정의할 방법이 필요하므로, 저장부지를 특성화하는 몇 가지 주요 용어를 정의하는 것이 중요하다.

---

10 **역주**: 석유/가스의 탐사 및 개발에서 사용되는 개념으로서 CCS 분야에서는 자료취득정(Data well)이라고도 함

11 **역주**: 원문의 'Drilling'은 분야에 따라서 '굴착' 또는 '시추'로 번역하여 사용하고 있다. '굴착'이 일반적으로 땅이나 암석을 파내는 작업 전체를 포함하는 상위개념으로 볼 수 있다. 그러나 토목/건설 분야에서 터널, 기초공사, 말뚝 등의 작업에서는 굴착이라 하고, 석유/가스/지하수 산업에서는 '시추'라는 용어를 널리 사용한다.

- 제안된 저장체를 포함하고 있는 퇴적 분지(Sedimentary basin)
- 저장 저류층과 차폐층을 정의하는 저장 복합체(Storage complex)
- 특정 지질 특성을 반영하는 저장체 자체
- 차폐층과 단층
- 프로젝트나 부지조사를 위해 정의된 '연구 지역'(예: 검토 구역, 부지의 경계, 모니터링 또는 조사 지역)

CO_2 저장을 규제하는 법규에서 **저장 복합체**는 반드시 정의되어야 하는 핵심대상(저장용량 산정의 대상)으로, 이산화탄소 지중저장에 관한 유럽 지침[12](EC, 2009; 부속서 1)에 따른 요건은 다음과 같다.

"덮개암과 주변 지역 그리고 수리적으로 연결된 영역을 포함한 저장 부지와 저장 복합체에 대한 3차원 정적 체적 모델을 구축하는 데 필요한 충분한 자료를 취득하여야 한다."

또한 EU CCS 지침은 '누출'을 '저장 복합체로부터 CO_2가 누출되는 것'으로 정의하며, '중대한 이상징후(Significant irregularity)'를 '저장 복합체의 상태나 주입/저장의 시행에 있어 비정상적인 상황으로서 CO_2 누출을 야기하거나 환경 또는 인간 건강에 위험을 줄 가능성이 있는 경우'로 정의한다. 이에 대해서는 3.3절에서 저장 온전성 및 저장소 관리 문제를 다루며 심도 있게 재논의할 예정이다. 이 장에서는 저장용량, 주입성 그리고 저장성의 평가법을 논의하고자 한다. 참고로 규제체계는 지역/대륙마다 다르며 이 책에서는 EU CCS 지침만을 예시 자료로 사용하였다.

---

12 역주: 이산화탄소 지중저장에 관한 유럽 지침(European directive on the geological storage of carbon dioxide)을 이 책에서는 'EU CCS 지침'으로 줄여서 사용하기도 한다.

2.3 격리와 포획의 원리

2.3.1 포획의 원리

우선 저장성에 대해 먼저 논의할 필요가 있다. 저장성은 CO_2를 지하에 포획하거나 함유하기 위한 메커니즘으로 다양한 기준에 의해 분류할 수 있다. 가장 기본적인 기준은 물리적 요인과 화학적 요인(지구화학)으로서 다음과 같이 구분할 수 있다.

1. 분지규모와 관련된 물리적 포획 메커니즘
   - 광역적 구조, 분지의 형성 역사, 유체 유동 및 압력 분포
2. 구조적, 층서적 포획과 관련한 물리적 포획 메커니즘
   - 저장 복합체의 암석구조에 의해 제어
3. 유체 유동과 관련된 물리적 포획 메커니즘
   - 두 유체 사이의 모세관 계면
   - 잔류상태로의 CO_2 포획 여부
4. 지구화학적 포획 메커니즘
   - 염수에 의한 CO_2 용해
   - 광물상으로 CO_2 침전
   - CO_2의 흡착/흡수(예: 점토 광물)

IPCC 특별보고서(Metz, 2005)는 이러한 포획 메커니즘을 시간에 따른 포획 기여도(그림 2.5)로 도식화함으로써 시간이 지남에 따라 저장 안정성을 높이기 위해서는 다양한 포획 메커니즘이 함께 작용하여야 함을 강조

하였다. 이 개념은 비록 여러 포획 메커니즘 간의 비율과 규모에 대해서 많은 논쟁을 불러일으키고 있지만 정성적으로는 옳다는 것이 널리 받아들여지고 있다.

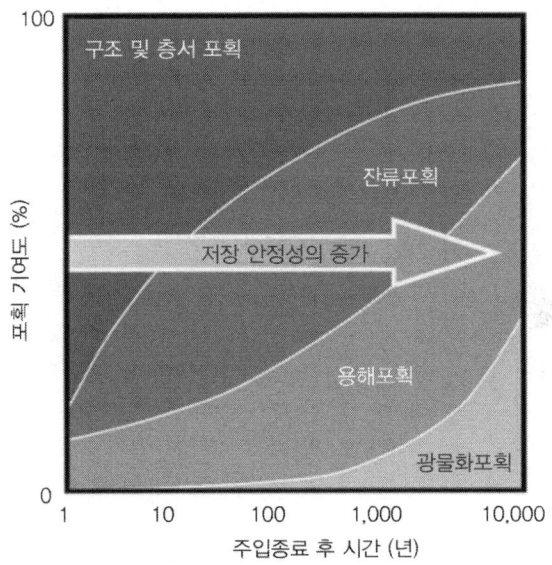

그림 2.5 CO_2 지중저장 포획 메커니즘(Benson 등(2005)에서 발췌, Cambridge University Press에서 재사용 승인 취득)

2.3.2 모세관 포획

모세관 포획은 다공성 매질에서 두 유체 사이 경계면에서 계면장력에 의해 이루어진다(그림 2.6).[13] 계면장력은 지하에 집적되는 유가스의 규모를 결정하는 핵심요소라는 것이 널리 입증되었으며 동일하게 자연적 또는 인

---

13 역주: 암석입자가 작고 공극의 입구가 좁은 덮개암은 공극의 입구가 큰 대수층에서와 달리 모세관압이 고밀도 CO_2가 덮개암층 내부로 침투하는 것을 막는 포획 역할을 한다.

위적인 CO_2 축적에도 동일하게 적용할 수 있다. Berg(1975)는 덮개암의 모세관 진입압력으로 인해 중력의 반대방향으로 잔류시킬 수 있는 석유 또는 가스 기둥의 두께인 z_g를 다음과 같이 정의하였다.

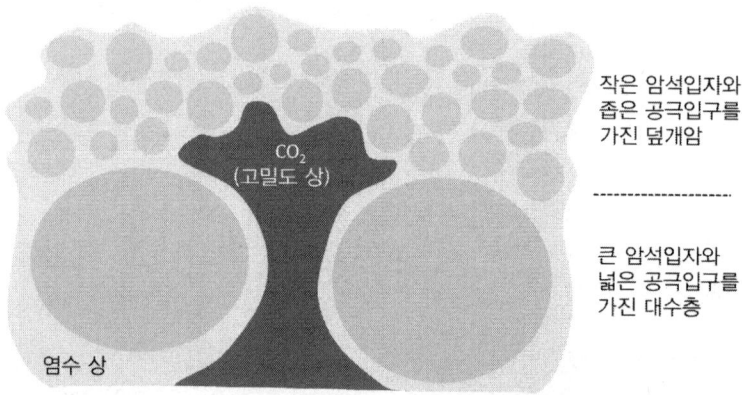

그림 2.6 수습윤성을 가진 다공성 매질에서 CO_2가 모세관 포획되는 메커니즘을 묘사. 포획되는 지점은 대수층과 덮개암이 만나는 지점에서 넓은 공극과 좁은 공극 입구 사이의 경계면에서 발생한다.

$$z_g = \frac{2\gamma\cos\theta\,(1/r_{cap} - 1/r_{res})}{g(\rho_w - \rho_g)} \tag{2.1}$$

여기서 r_{cap}은 덮개암의 공극입구 반지름, r_{res}는 저류암의 공극입구 반지름, γ는 계면장력, θ는 유체접촉각, ρ_w는 염수(지층수)의 밀도, ρ_g는 가스의 밀도이다. 이 원리는 모세관 포획 모델들(그림 2.7)에 기초하여 설명할 수 있으며, 부력이 있는 비습윤 유체(Buoyant non-wetting fluid)에 적용할 수 있다.

따라서 모세관의 반지름, 계면장력, 유체접촉각, 유체 밀도를 통해 주

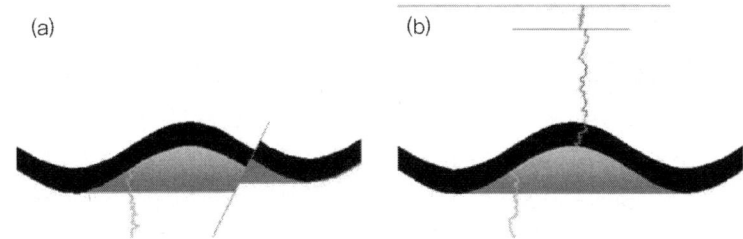

그림 2.7 이론적인 모세관 포획모델(Ringrose 등(2000)을 수정): (a) 누출이 발생할 수 있는 단층과 치밀한(유체투과도가 낮아 유체거동이 발생하기 어려운) 덮개암(수평적인 누출지점을 통해 누출이 발생); (b) 덮개암을 통해 누출되어 포획되는 형태(덮개암의 낮은 모세관 임계값 때문). 덮개암은 검정색, 구조 내부의 색깔은 비습윤 유체의 이동시기(파란색은 초기, 보라색은 후기 시점)를 의미함. Permedia-Mpath의 스며듦 침투 모델을 이용한 해석모델 (p.xiv 컬러 그림 참조)

어진 덮개암 아래에 유지되는 최대 CO_2 기둥의 높이를 추정할 수 있다. 참고로 유체의 특성은 온도, 압력, 조성(특히 염수의 염도와 미량 가스성분의 함량)에 따라 좌우된다. 유체접촉각이 0도인 경우 완전 습윤거동을 보이며(분자력에 의해 유체가 암석표면에 완전히 부착됨) 접촉각이 180도인 경우는 완전 비습윤이다(암석 표면이 유체에 반발함).

Naylor 등(2011)은 다양한 압력과 온도범위에서 측정된 계면장력 자료를 이용하여 CO_2와 탄화수소의 기둥높이(Column height)[14]를 비교하였다. 주어진 덮개암에서 CO_2와 탄화수소 가스의 수직두께를 비교하기 위해 기둥높이 비(Ψ)를 제안하였다.

$$\Psi_{gas/CO_2} = \frac{\Delta \rho_{gas/water}}{\Delta \rho_{CO_2/water}} \frac{\cos\theta_{co_2/water}}{\cos\theta_{gas/water}} \frac{\gamma_{co_2/water}}{\gamma_{gas/water}} \qquad (2.2)$$

---

14 역주: 물로 채워진 저류층에서 CO_2 또는 탄화수소가 차지하는 수직 두께

Naylor 등(2011)의 분석 결과는 다음과 같이 일반화할 수 있다.

- 순수 CO_2-물 시스템의 모세관 진입압력은 가스-물 시스템에 비해 최대 50% 작다.
- 그러나 CO_2의 밀도가 더 높기 때문에 부력은 더 작다.
- 이 효과들은 서로 상쇄되는 경향이 있어 CO_2와 CH_4의 기둥높이는 거의 동일하지만, 일반적으로는 CO_2가 약간 더 짧다.

모세관 포획 현상에서 두 번째로 중요한 것은 저장체 내부에서 발생하는 잔류포획이다. 이는 유가스전에서는 석유와 가스의 회수율을 제한하는 메커니즘으로, CO_2에서도 동일하게 적용될 수 있다. 유체투과도가 높은 저류층에서 CO_2 플룸[15]이 부력에 의해 상승할 때, 공극규모의 포획에 의해 잔류된 CO_2가 남겨지게 된다(그림 2.8). 포획의 정도는 다양한 인자

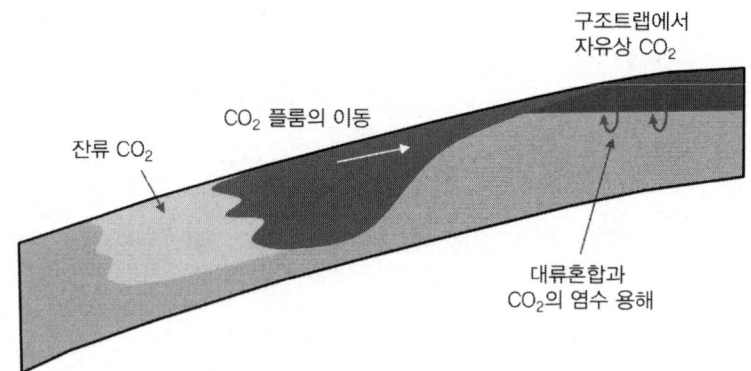

그림 2.8 CO_2 지중저장의 유동현상을 묘사한 개념도

---

15 **역주**: 주입된 CO_2의 연속된 덩어리로서 저류층 내에서 확산되고 이동하는 전체 범위를 의미

그림 2.9 다공성 매질에서 물을 파란색으로 착색하여 모세관 포획 현상을 보여주는 간단한 실험. 이 실험에서 올리브오일은 파란색으로 염색된 물에 대한 수습윤 다공성 매질(자갈의 크기는 지름 약 2~3mm)에 잔류한다. 약 20%의 올리브오일은 공극공간에 모세관압에 의해 포획되기 때문에 상단의 차폐체까지 이동하지 못하게 된다. 실내온도에서 오일의 밀도는 910kg/m³이므로 지하의 CO_2와 비교하면 부력은 상대적으로 작다. 올리브오일-물의 계면장력은 약 32nM/m(Sahasrabudhe et al., 2017)이며 이 값은 지하상태에서 고밀도의 CO_2와 매우 유사한 값이다 (Naylor et al., 2011). (p.xiv 컬러 그림 참조)

에 의해 영향을 받는데 주로 모세관 크기, 계면장력, 습윤성에 의해 결정된다. 일반적으로 CO_2는 사암층에서 비습윤성으로 가정할 수 있지만, 때로는 탄산염, 점토광물 표면에서 부분 습윤성으로 존재할 수 있다. 이때 접촉각은 압력, 온도, 유체조성의 영향도 함께 작용하여 결정된다.

수습윤성 다공성 매질에서 비습윤성인 유체(이 경우에서는 올리브오일)의 공극규모 포획특징은 간단한 실험(그림 2.9)에서 파악할 수 있다. 비록 실제 지하에서의 조건은 이 실험 조건보다 더 복잡하겠지만 그 효과는 유사하므로 약 20%의 비습윤상의 유체가 포획될 것이라 추측할 수 있다 (이것을 잔류포화도[16]로 정의할 수 있다).

이와 같이 분자현상에 의해 제어되는 공극규모에서 발생하는 현상을 유체공학 용어로 잔류 CO_2 포화도로 정의한다. 배수(Drainage)[17] 및 흡수

---

16 역주: 다상 유체가 존재하는 저류층에서 더 이상 이동하지 않는 특정 유체의 포화도
17 역주: 다상의 유체유동에서 습윤성 유체가 비습윤성 유체로 치환되는 과정. 물로 포화된 지층에 오일이나 가스가 축적되는 과정이 대표적인 예

(Imbibition)[18]가 주기적으로 발생할 때 측정된 CO_2-염수 상대유체투과도 곡선의 예(그림 2.10)에서 CO_2의 잔류포화도는 22%이다(물의 포화도가 0.78일 때). 그러나 잔류포화도를 결정하는 것은 공극의 크기뿐만 아니라 암석의 불균질성과 유체동역학과도 관련이 있다. CO_2가 실제로 잔류포획 되는 규모는 일반적으로 동적 유체거동 시뮬레이션을 통해 산정한다(물론 해석적 접근법도 사용할 수 있다). 또한 잔류포획이 이루어지기 위해서는 CO_2 플룸의 이동이 전제되어야 한다. 구조적 포획 내에서 중력에 의해 안정된 CO_2 플룸이 상부부터 채워지는 경우에는 잔류포획량이 거의 없다(CO_2 잔류포획량의 정확한 측정은 현재 매우 활발한 연구분야로 Krevor 등(2015)과 Reynolds와 Krevor(2015)에서 자세히 소개하고 있다).

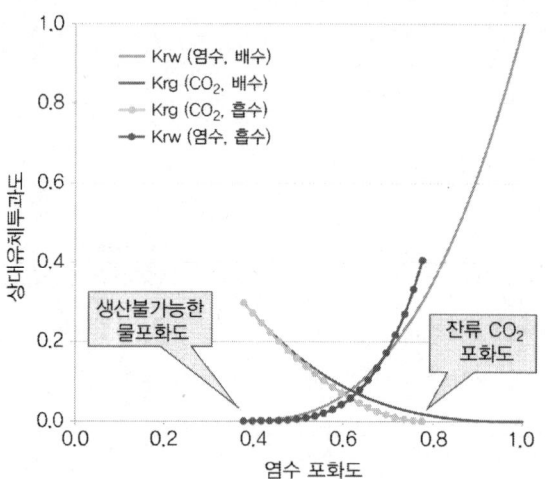

그림 2.10 CO_2-염수의 상대유체투과도 곡선의 예(Bennion and Bachu, 2006; Cardium sandstone; IFT[19]=56.2mM/m)(p.xv 컬러 그림 참조)

---

18 **역주**: 배수와 반대되는 개념. 수주입(Waterflooding)으로 오일을 밀어내는 과정이 대표적인 예
19 **역주**: IFT (계면장력; Interfacial tension)

2.3.3 지층의 역할과 부지특성화

CO_2 포획 메커니즘을 설명하는 유체물리학(Fluid physics)에 기초한다면 CO_2의 저장과 포획의 효과성을 결정짓는 것이 결국 지질 시스템이라는 것을 쉽게 알 수 있다. 그래서 실제 CO_2 저장 프로젝트에서 부지와 저류층 특성화 작업에 많은 노력을 기울여야 한다(예: Gibson-Poole et al., 2008). 지질 시스템에서 다양한 포획 메커니즘을 분석하는 평가과정은 조금 모호할 수도 있는데, 이는 다양한 규모(Multi-scale)의 특성이 있는 지질 시스템으로 인해 여러 지질학적 과정과 현상을 다양하게 분석해야 하기 때문이다. 다시 말해 지질특성화 작업은 분지해석, 구조지질학, 퇴적학 및 석유암석물

그림 2.11 다양한 차원의 규모에서 본 암석의 구조(왼쪽 위에서부터 시계 방향): 층리 규모의 유체투과도 변이(Tilje층, 노르웨이); 단층 파쇄대에 점토로 충진된 정단층(Sinai, 이집트); 조류 삼각주의 퇴적구조(Niell Klinter층, 그린란드); 단층이 형성된 데본기 규질쇄설암층(Jameson Land, 동부 그린란드)(p.xv 컬러 그림 참조)

리학[20] 등을 포함하여 이루어져야 한다(그림 2.11).

　　부지특성화를 위한 작업과정은 원유 및 천연가스 개발의 사업화 과정에서 얻은 경험을 통해 이미 잘 확립되어 있다. 그러나 재정적 인센티브가 부족한 CO_2 지중저장 프로젝트에서는 부지특성화를 위한 작업에 대규모 초기 투자를 집행하기 어려울 수 있다. 많은 CO_2 지중저장 후보 부지가 유가스전과 동일한 분지에 위치하고 있기 때문에 사전에 수행된 석유저류층 특성화 결과를 바탕으로 정보가 충분히 축적된 퇴적분지에서는 CO_2 지중저장 프로젝트를 경제적으로 추진할 수 있다. 또한 CO_2 지중저장과 석유개발의 부지가 동일한 장소에 위치함으로 인해 설비, 탐사정, 탄성파 자료를 공유할 수 있는 이점이 있다. In Salah CO_2 지중저장 실증 프로젝트를 위하여 수집한 부지특성 자료의 몇 가지 예(그림 2.12; Ringrose et al., 2011)에서 볼 수 있듯이, 사전에 수행한 석유시스템 분석 결과를 CO_2 지중저장 부지자료와 정보체계 구축에 사용한다 하더라도 CO_2 지중저장 문제를 위해서는 특수설계된 전용 부지자료가 기본적으로 필요하다(세 가지 평가요소인 저장용량, 주입성, 저장성의 분석에 활용하기 위함이다).

　　부지특성화를 수행할 때, 평가자는 지하 암석의 공극에 CO_2를 저장한다는 단순한 사실을 간과해서는 안 되며, 암석공극의 특징을 정량적으로 분석하기 위한 석유암석물리학과 석유암석의 정밀분석(Petrographical method)[21]을 포괄하는 개념인 **공극특성화(Pore-scale characterization)**까지 수행하여야 한다. 공극특성화는 공극률과 유체투과도와 같은 기초적인

20　역주: 석유가 포함된 암석의 특성과 물성을 분석하는 학문 분야(Petrophysics)
21　역주: 석유암석학(Petrology)의 한 분야로서 광학현미경 등으로 암석과 광물의 구성, 구조, 조직 등을 분석하는 방법

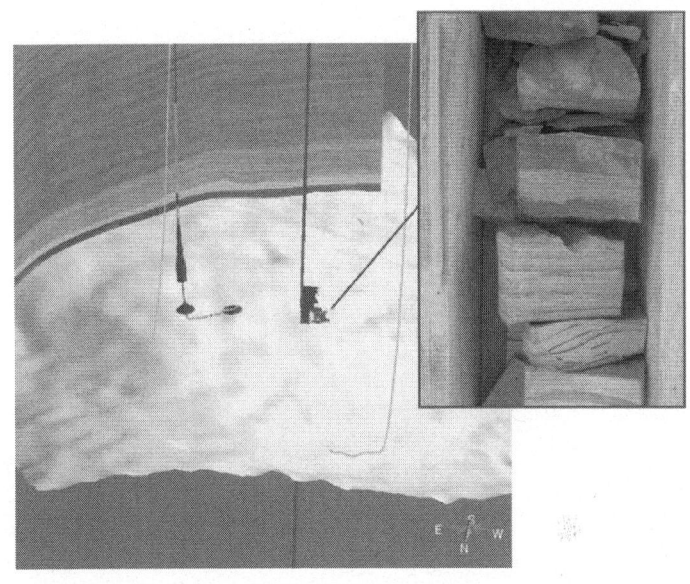

그림 2.12 In Salah CO_2 저장부지의 특성화를 위한 자료(예: CO_2 주입정(파란색), 평가정-공극률검층(빨간색), 캘리퍼검층(회색), 감마선검층(색), 주입전 CO_2의 분포(보라색); 암석코어 샘플(삽입한 사진); 각 섹션은 탄성파와 평가정 자료로부터 추정한 저류층과 덮개암의 공극률을 보여준다. 지층면은 탄성파로 매핑한 저류층을 보여준다(p.xvi 컬러 그림 참조).

암석물성뿐만 아니라 보다 복잡한 특성(예: 공극계면의 광물학, 화학적 반응성, 공극 연결부[22] 크기 분포, 습윤도 등)도 포함하고 있다. In Salah CO_2 지중저장 실증 프로젝트에서 수행한 공극특성화의 예(그림 2.13; Lopez et al., 2011)를 보면, 암석타입과 공극의 종류별 유체유동의 영향인자(공극률, 유체투과도, CO_2-염수 상대유체투과도와 종단포화도[23])와 함께, 암석

---

22 역주: 암석입자들 사이에 생기는 공극이 다른 암석입자와 만나며 일시적으로 좁아지는 부위. 다시 다른 공극과 연결되므로 '공극 연결부'로 번역하였음. '공극목(Pore-throat)'으로 직역 가능

23 역주: End point saturation. 매질 내의 다상 유체유동에서 특정유체가 경곗값에 도달했을 때의 포화도를 나타낸다. 유동이 발생하기 위한 최소포화도인 임계포화도(Critical saturation), 유체가 매질 내에 갇혀서 더 이상 유동할 수 없는 잔류포화도(Residual

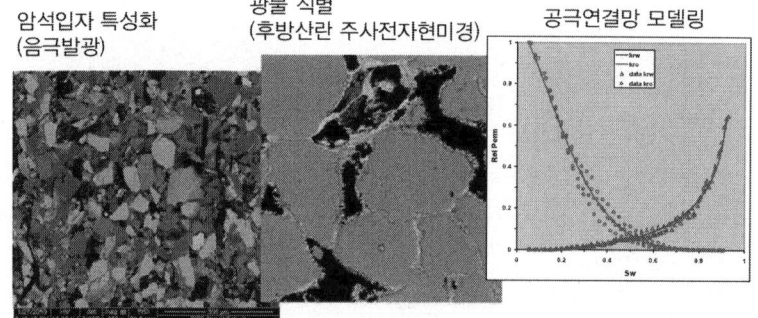

그림 2.13 In Salah CO_2 지중저장 프로젝트에서 수행된 공극특성화의 예(Lopez et al., 2011). 음극발광(Cathodeluminescene)을 이용하여 암석입자와 공극의 석유암석 정밀분석(Petrographic core analysis)을 수행하고 BSEM(Backscatter scanning electron microscopy)[24]을 통해 공극구조와 광물조성을 규명. 그 후 공극모델링을 이용하여 암석타입별 상대유체투과도를 예측한다(Equinor사의 이미지).

입자를 둘러싸고 있는 점토광물(Chlorite; 녹니석)이 거시적인 관점에서 유체유동에 상당한 영향을 미친다는 것을 알 수 있다.

2.3.4. 지구화학적 포획

CO_2는 지하 암석층에서 자연적으로 발생하는 물질로서 지하수에 녹아 있는 용질의 형태나 자유롭게 유동이 가능한 가스상으로 존재한다. 자연적으로 존재하는 CO_2는 ① 화산 시스템과 관련하여 깊은 맨틀에서 기원하거나 ② 매몰된 유기물에서 생성된 가스에서 유래한다. 맨틀기원의 CO_2로는 북미에 존재하는 거대한 자연발생 CO_2 축적지들(예: New Mexico의 Bravo

---

saturation), 매질 내에서 가질 수 있는 최대포화도(Maximum saturation) 등이 있다.
24 역주: 후방산란 주사전자현미경은 원자번호 차이를 기반으로 시료의 조성과 구조를 분석하는 고해상도 전자현미경 기법으로 재료과학, 지질학, 반도체, 나노기술 등 다양한 분야에서 활용됨

Dome과 Colorado의 Sheep Mountain)이 있고,[25] 생물학적으로 생성되는 CO_2의 기원으로는 유기물 분해, 메탄생성(Methanogenesis),[26] 유전에서 발생하는 생분해, 탄화수소의 산화, 해양 탄산염의 탈탄산 등이 있다.

전 지구적 탄소순환에서 필수적인 분자인 CO_2는 자연적 또는 인위적 화학반응에서 다양하게 생성되고 소비된다. CO_2가 생성되는 가장 중요한 자연반응은 탄산염 용해로 해양생물의 껍데기가 산성 환경에서 용해될 때 (빗물은 약산성을 띤다) 나타나는 다음과 같은 과정이다.

$$CaCO_3(s) + 2HCl(aq) \rightarrow CaCl_2(aq) + CO_2(g) + H_2O(l) \quad (2.3)$$

지표수에 CO_2가 포화되면 탄산칼슘($CaCO_3$)이 반응하여 탄산수소칼슘($Ca(HCO_3)_2$)을 형성하게 된다. 이 반응은 탄산암의 풍화과정을 설명하며 석회암 동굴을 형성하거나 경수(Hard water)지역에서 석회질이 침전되는 현상을 설명할 수 있다. 기본적인 탄산염 풍화반응의 식은 다음과 같다.

$$CaCO_3 + CO_2 + H_2O \rightarrow Ca(HCO_3)_2 \quad (2.4)$$

반대로 탄산염 광물은 수산화칼슘(Potlandite; $Ca(OH)_2$)이 공기나 물에서 유래한 CO_2와 반응할 때 다음과 같이 만들어질 수 있는데 이는 콘크리트와 공내 시멘팅작업의 중요반응이다.

---

25 이 축적지의 CO_2는 CO_2-EOR 작업의 주입물질로 사용되기도 했다.
26 **역주**: Methanogenesis는 혐기성 미생물이 유기물이나 무기물을 분해하여 메탄을 생성하는 생물학적 과정으로서 이때 이산화탄소가 부산물로 생성되기도 함

$$Ca(OH)_2 + CO_2 \rightarrow CaCO_3 + H_2O \tag{2.5}$$

이와 같은 중요한 화학반응을 보면 지하로 주입된 CO_2가 다소 극적인 용해와 침전을 야기하리라고 생각할 수도 있지만, 유사한 자연현상에서 획득한 지질자료(예: Baines and Worden, 2004)를 보면 아래와 같은 내용을 알 수 있다.

- 순수한 석영 사암에 CO_2를 추가하면, 지층수가 CO_2로 포화되자마자 주입된 CO_2는 분리된 상으로 남는다.
- 탄산염(또는 탄산염 시멘트로 구성된 암석)에 CO_2를 주입하는 경우, 일부 탄산염 광물의 용해가 발생할 수 있지만 지층수가 CO_2로 포화되자마자 주입된 CO_2는 다시 분리된 상으로 남는다.

초기 CO_2 지중저장 프로젝트(예: Sleipner, In Salah, Snøhvit)의 경험을 통해 지구화학 반응은 느린 속도로 비교적 미미하게 발생하며(예: Carroll et al., 2011; Black et al., 2015), 거의 모든 CO_2가 분리된 상(액체, 기체 또는 고밀도 상)으로 남아 있다는 것을 확인하였다. 자연적인 CO_2 저류층(CO_2 농도가 높은 가스전)에 대한 자료분석을 통해 Wilkinson 등(2009)은 수천만 년 후에도 CO_2의 70~95%가 자유상[27]으로 존재하며, 약 2.4%만이 광물로 저장되고 그와 유사한 양이 공극수에 용해된다는 것을 보여주었다. 즉, CO_2의 지하 주입 시 용해 및 침전 반응이 발생할지라도, CO_2는 원위치[28] 공극수와 빠

---

27 **역주**: 자유상(Free phase)은 포획되지 않고 유동할 수 있는 형태를 의미함
28 **역주**: 원위치(in situ)는 저장부지의 지하현장을 의미함

르게 화학적 평형을 이루게 되며 그 이후의 반응 속도는 매우 느리다는 것이다. 단, 염수에 용해되는 CO_2의 양은 상당할 수 있다(2.3.5절 참조).

CO_2와 점토광물이 접촉할 때 발생할 수 있는 반응과 영향은 매우 복잡하다. 가스 흡착을 통해 셰일층에 많은 양의 CO_2가 저장될 수 있지만(Busch et al., 2008) 이와 같은 광물에서의 CO_2 고정화는, 지구화학 반응, 지층수 용해 그리고 점토광물 표면에서의 물리적 흡착 등을 포함한 여러 작용들의 조합과 연계된 것일 수 있다(그림 2.14). 규산염 광물의 용해와 탄산염 광물의 침전과 같은 지구화학 반응들은 셰일의 공극률, 유체투과도 그리고 확산 특성 등에 영향을 미친다.

(a) 이전

(b) CO_2 반응 후

그림 2.14 셰일과 CO_2의 반응효과(Kaszuba et al., 2013; Elsevier 허가 후 재사용)

요컨대 CO_2 지중저장의 지구화학적 포획은, 지중에 주입된 CO_2가 광물상으로 일부 포획(또는 결합)될 수 있지만 그 반응 속도는 매우 느리다는 것이다. 탄산염 광물 또한 일부 용해될 수도 있으나 매우 느리게 진행된다. 그러므로 CO_2 지중저장 부지평가 시에는 부지에 특화하여 이와 같은 반응들을 평가하여야 한다. 일반적으로 주입정 주변에서의 반응이 가장 큰 관심대상이며 이 내용은 3장에서 자세히 다룬다.

2.3.5 CO_2 용해

CO_2 지중저장 프로젝트에서 가장 중요한 지구화학 반응은 염수에서의 CO_2 용해이다. 이 용해 과정은 장기적으로 지중저장을 안정화할 수 있는 중요한 요소이지만, 효과에 대한 추정과 평가는 매우 다양하다. 염수에서 CO_2 분자는 매우 느리게 확산[29]되는 반면 CO_2와 염수의 경계면에서 대류혼합(Convective mixing)은 매우 빠르게 일어나기 때문에 대류혼합이 CO_2 용해 속도를 주로 좌우한다(그림 2.15). 대류혼합이 시작되려면 확산 경계층이 형성되어야 하며 이 경계층의 두께가 임계치까지 도달해야 대류가 발생한다.

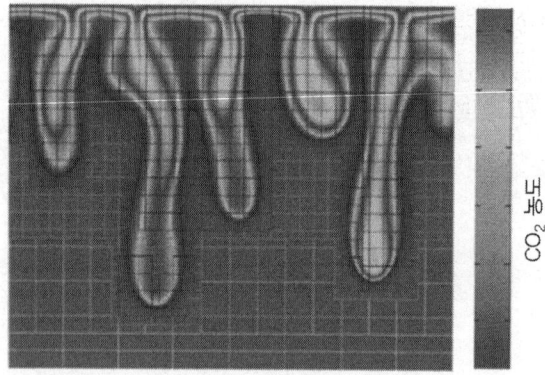

그림 2.15 대염수층의 CO_2 지중저장 과정 중 밀도차에 따라 발생하는 CO_2 유동(Pau 등 (2010)에서 발췌, Elsevier 허가 후 재사용)(p.xvi 컬러 그림 참조)

---

[29] 이 과정에 대한 자세한 내용은 Niemi 등(2017)을 참조

Riaz 등(2006)은 실험자료를 이용하여 수치해석을 수행한 결과, 대류가 시작되는 임계시간(t_c)과 특성파장(λ_c)을 다음과 같은 범위로 추정하였다.

- 10일 < t_c < 2,000년
- 0.3m < λ_c < 200m

이 추정값의 범위가 상당히 넓은 것은 예상되는 규모 및 이와 관련된 불확실성이 크다는 것을 보여준다. 실제로는 현장의 유체특성과 상세한 지질구조에 따라 진행속도가 결정된다. 플룸 성장에 대한 모니터링 자료가 잘 확보되어 있는 Sleipner 사례에서 원위치에서의 CO_2 용해율은 연간 0.5%에서 1% 범위로 20년 후에는 약 10%가 될 것으로 추정된다(Alnes et al., 2011; Cavanagh et al., 2015; Ringrose, 2018). CO_2 용해 정도는 최근의 다공성 매질에서의 용해 속도 실험 측정값과도 일치한다(원위치 조건에서의 초임계 CO_2 사용). 실험연구에서 5년 후 CO_2 층 하부에 약 0.5m 두께의 CO_2로 포화된 지층수 층이 형성되었는데, 이는 20년 후 Sleipner에서 약 2m 두께의 층이 형성될 것이라는 의미이다(Amarasinghe et al., 2019).

2.4 지중 저장용량의 계산

2.4.1 이산화탄소 1톤의 환산량

CO_2 포집과 저장에 관한 대부분의 프로젝트는 수백만 톤(Mt) 단위로 CO_2를 다룬다. 이는 석유산업에서 배럴(또는 표준입방미터), 천연가스의 경우

10억 입방피트(또는 표준입방미터) 단위로 다루는 것과는 대조적이다. 그렇다면 CO_2 1톤은 얼마나 되는가? 우리가 CO_2의 질량단위를 사용하는 근본적인 이유는 CO_2의 부피가 압력과 온도의 변수이기 때문이다. 질량은 부피와 밀도의 곱이므로, 표준 지상조건에서 CO_2 1톤의 부피는 534m^3이다. 그러나 심도 약 1km(대략 Sleipner 프로젝트의 주입지점에 해당)에서는 CO_2 1톤의 부피는 1.43m^3로 줄어든다(밀도는 700kg/m^3로 가정).

CO_2 1톤의 지하상태 부피를 정확하게 계산하기 위해서는, 실제 원위치 압력과 온도가 정확해야 할 뿐만 아니라, 열역학적 조건(예: 등온 또는 단열과 같은 열역학적 과정)에 대한 가정과 주입 유체의 조성(일부 메탄이나 질소를 포함할 수 있음) 등 여러 요인의 영향도 고려해야 한다. 그래서 지중 저장량 계산의 일반적인 방법은 정확히 알고 있는 지표조건이나 표준상태를 기준으로 주입된 CO_2 부피를 질량으로 변환하는 것이다. 단, 다양한 분야에서 서로 다른 표준을 사용하므로(표 2.1 참조), 일관된 표준을 사용하는지 여부를 주의 깊게 살펴야 한다.

표 2.1 다양한 표준상태에서의 CO_2 밀도 비교

표준 기준	기준 압력	기준 온도(°C)	밀도(kg/m^3)
화학(IUPAC)[30]	1bar(0.9869atm)	0	1.976
국가표준(NIST)	1atm(1.013bar)	20	1.842
국제표준(ISA and ISO)	1atm(1.013bar)	15	1.87
석유공학(SPE)[31]	1bar(0.9869atm)	15	1.848

---

30 역주: IUPAC(International Union of Pure and Applied Chemistry)는 국제순수응용화학연합으로 번역되며 화학의 국제 표준을 설정하는 세계적인 기구임
31 역주: SPE(Society of Petroleum Engineers)는 석유공학자 협회로서 석유 및 가스자원의

이와 같은 합리적 이유로 CO_2 프로젝트에서는 질량단위로 보고하는 것을 선호하고 이는 충분히 타당한 것이라 할 수 있지만 대부분의 천연가스공학자들이 표준입방피트, 즉 scf, MMscf(=10^6 scf), Bscf(=10^9 scf)처럼 지상 부피 단위를 사용하므로 변환계수에 대한 이해 역시 필요하다. 예를 들어, 표준 조건(ISA; 1.013 bar 및 15℃)에서는 다음이 성립한다.

- $1m^3$의 CO_2의 질량은 1.87kg이다.
- 1Bscf = 28.32 × $10^6 m^3$이므로, 1Bscf의 CO_2 질량은 52,959.5톤이다.
- 따라서 1MMscf의 CO_2 질량은 52.96톤이다.

그러므로 어떤 주입정에서 하루에 20MMscf를 주입하면 약 1,000톤의 CO_2를 주입하는 것이고 연간 1백만 톤(Mt)의 CO_2를 주입하면 지상조건에서 약 18.8Bscf 부피의 CO_2를 주입하고 있는 것이다.

실제 주입 현장에서는 지하 저류층의 압력과 온도가 부정확하기 때문에 원위치 밀도는 대략적으로 추정할 수밖에 없다. Sleipner, In Salah, Snøhvit 저장부지에서 추정한 현장 저류층의 (등온조건을 가정한) CO_2 밀도 변화(그림 2.16)를 보면 Sleipner에서 불확실성이 가장 큰 것을 알 수 있다. 이는 천부에 위치한 저류층의 조건이 CO_2의 임계점 근처에 있어 기체 상태와 초임계상태 간 상변화가 발생하기 때문이다. 여러 연구들에서 모니터링 자료와 수치모델링을 통해 Sleipner 부지에서의 원위치 CO_2 밀도를 추정한 결과(Bickle et al., 2007; Singh et al., 2010; Alnes et al., 2011;

탐사, 개발, 생산, 관리와 관련된 기술을 공유하고 전문가들의 네트워크를 형성하는 세계적인 전문 단체임

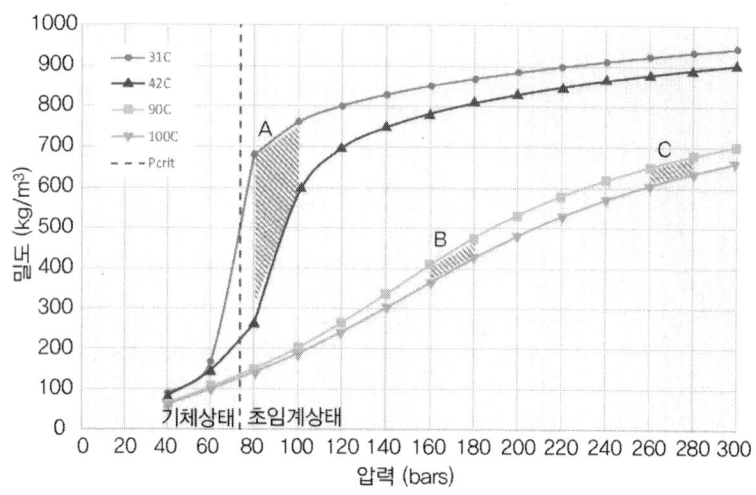

그림 2.16 등온조건 가정 시 CO_2 밀도함수(NIST Chemistry WebBook). 음영지역은 원위치 저류층 조건을 뜻함(A: Sleipner, B: In Salah, C: Snøhvit)

Cavanagh and Haszeldine, 2014)에 따르면, 저류층 주입지점에서 CO_2의 밀도는 약 $485kg/m^3$이지만 지층으로 주입되었을 때에는 냉각 효과로 인해 주입정에서 멀어질수록 밀도가 증가할 것으로 예상된다. Alnes 등(2011)은 중력 모니터링을 통해 플룸 내 평균 CO_2 밀도를 $675±20kg/m^3$로 추정하였지만 저류층의 온도가 약간만 높다고 가정해도 밀도는 더 낮아진다. 예컨대, Cavanagh 등(2015)은 수치모델링을 통해 저류층의 최하단부(1번층)와 Utsira 저류층 상부(9번층)에서 CO_2의 밀도 범위를 각각 $616kg/m^3$과 $355kg/m^3$로 추정하였다.

CO_2의 부피와 질량을 이해하기 위해 최종적으로 고려해야 할 문제는 지하에 저장되는 양과 대기 중에 배출되는 양을 등가로 연관시키는 데 있다. 대기 중에 배출되는 CO_2 양을 줄이는 것이 결국에는 CO_2 지중저장을 수행하는 주요 동기가 되기 때문이다. 대표적인 CO_2 저장 프로젝트인

Sleipner는 연간 약 1백만 톤(Mtpa)의 CO_2를 지중저장해 왔는데 캐나다의 Boundary Dam과 Quest 프로젝트 등 최근의 CCS 프로젝트들도 연간 목표량이 그와 유사하다. 여기서 주목할 점은, Sleipner의 첫 20년 동안 실제 주입량은 가용한 CO_2의 양에 따라 연간 0.6~1.0백만 톤 범위였다는 것이다. 그렇다면 1백만 톤의 CO_2배출은 어느 정도에 해당하는가? 이는 다양한 운송 수단에서 배출되는 CO_2요약 자료(표 2.2)에 기초하여 계산할 수 있다. 운송 부문에서 CO_2 배출을 줄이기 위한 많은 노력이 진행 중이므로, 일반

표 2.2 다양한 형태의 운송에서 배출 자료

배출 형태	CO_2질량	참고	출처
항공여행	113~257g/km	CO_2 등가량 (승객-거리당)	핀란드 2008년 데이터베이스: LIPASTO시스템(범위는 장거리 항공편부터 단거리항공편)
이동수단 배출	200g/km	일반 중간크기 차량(2001)	www.gov.uk (CO_2-and-vehicle-tax-tools) 또는 US EPA 평균(1975~2014)
이동수단 배출	118g/km	EU에서 판매되는 차량 평균(2016)	ec.europa.eu/climapolicies/transport
이동수단 배출	95g/km	EU의 2021년 목표(평균 배출량)	ec.europa.eu/climapolicies/transport
이동수단 배출	280g/km	트럭	US EPA 평균 수치(1975~2014)
이동수단 배출	4.7Mt/year	일반적인 연간 CO_2 배출량	US EPA 가정
이동수단 배출	3tonne/year	연간 배출량 (200g/km로 15,000km기준)	유럽/지수 참고사례
이동수단 배출	10.2Mt/year	2014년 노르웨이 도로교통 총배출량	www.ssb.no/natur-og-miljo/statistikker/klimagassn
해양 선박 (디젤)	10~15g/tonne/km	운송단위당 CO_2 배출량	세계해운협의회 또는 https://eea.europa.eu
철도화물 운송 (디젤)	20~35g/tonne/km	운송단위당 CO_2 배출량	https://eea.europa.eu

적으로 CCS 프로젝트에서 연간 1백만 톤(Mtpa)의 CO_2를 저장하는 것을 다음과 같이 운송에서의 배출량으로 나타낼 수 있다(측정이 언제, 어디서 이루어지는지 그리고 어떤 유형의 차량을 가정하는지에 따라 그 결과는 달라질 수 있다).

- 약 33만 대의 자동차에서 발생하는 연간 배출량(200g/km 기준)
- 500만 승객 - 항공킬로미터[32]의 배출량
- 아시아 - 유럽 운송 거리에서 5백만 톤 선적의 배출량
- 2014년 기준 노르웨이 도로 교통 배출량의 10분의 1

이를 종합하면 Sleipner와 같은 규모의 CCS 프로젝트는 국가단위의 배출량 중 상당량을 저감하는 데 확실히 효과적이고 의미 있는 방안이라 할 수 있다. 이는 1장에서 설명한 CCS의 추진동기를 더욱 뒷받침해 주는 사례이다.

2.4.2 국가/지역별 저장용량 추정

잠재적인 CO_2 저장층을 매핑하고 저장용량을 추정하기 위한 국가/대륙 규모의 여러 연구가 진행되어 그 결과가 발표되고 있다. 가장 완성도 높은 연구사례는 다음과 같다.

- 유럽의 CO_2 지중 저장용량에 관한 EU GeoCapacity 프로젝트

---

32 역주: 각 항공기의 운항거리와 승객수를 곱한 값들의 합(Air carrier passenger-kilometers)

(2008년; http://www.geology.cz/geocapacity)
- 미국, 캐나다 및 멕시코를 포함하는 북미 탄소 저장 지도집 (2012년; http://www.nacsap.org)
- 노르웨이 대륙붕을 위한 CO_2 지도집(2014년; http://www.npd.no/en/Publications/Reports/Compiled-CO2-atlas/)
- 영국(http://www.co2stored.co.uk), 호주, 브라질 등 기타 국가의 CO_2 저장 데이터베이스

주로 정부가 후원하는 국가별 프로젝트들에서는 이론적으로 충분한 저장용량이 있다고 결론짓고, 향후 대규모 CO_2 지중저장 사업을 위한 국가 차원의 준비를 하고 있다. 예를 들어, 북미의 이론적 저장용량 추정값은 2,400십억 톤(Gt)이 넘고, 노르웨이 대륙붕에서는 잠재 저장용량(절삭기준[33] 적용)을 80Gt 이상으로 추정하고 있다.

위와 같은 추정값의 현실성에 대해서는 많은 논쟁이 있기 때문에 CO_2 저장용량 추정의 다양한 유형과 등급을 이해하는 것이 필요하다. Bachu 등(2007)은 저장용량을 추정한 여러 가지 방법들을 분석하였으며 Bradshaw 등(2007)은 이 저장용량 추정값들을 기술-경제적 자원-매장량 피라미드로 요약하였다. 이 개념(그림 2.17)을 활용하여 저장용량 추정값을 구분하기 위해 제시된(Bachu et al., 2007) 용어들은 다음과 같다.

- 이론적 저장용량(Theoretical capacity; 물리적 한계)

---

33 역주: 모든 값을 포함하는 것이 아니라 특정 기준에 따라서 일부는 포함시키지 않는 방식(Cut-off criteria)

- 유효 저장용량(Effective capacity; 절삭기준을 적용한 추정값)
- 실제 저장용량(Practical capacity; 경제적, 기술적 및 규제적 요인을 고려한 저장용량)
- 부합 저장용량(Matched capacity; 특정 CO_2 프로젝트의 부지 특성 고려 저장용량)

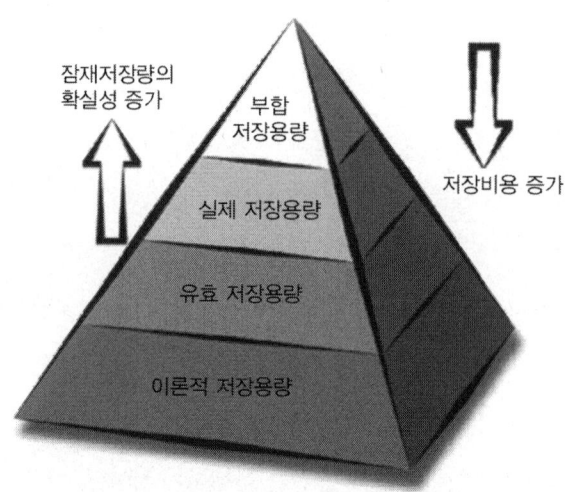

그림 2.17 CO_2 저장량 평가와 관련한 기술-경제적 자원-매장량 피라미드(Bachu et al., 2007 발췌; Elsevier 허가 후 재생산)

 이 방법은 다양하게 변형되어 사용되고 있는데, 대표적으로 노르웨이 CO_2 지도집에서 탐사, 평가 및 개발단계에서 저장용량을 정의하는 데 기준이 되었다. 여러 권위 있는 기관(예: UNFCCC, SPE, ISO 등)에서 보다 체계화된 저장용량을 정의하는 표준화 작업을 하고 있어 저장용량의 정의는 더욱 명확해질 것으로 예상된다. 이 책에서는 Bachu 등(2007)에서 정의한 용어와 방법에 초점을 맞추고 있다.

자원-매장량 피라미드(그림 2.17)는 프로젝트가 진행되어 가면서 저장 잠재력에 대한 확실성이 높아지며 그에 따라 저장용량 추정값이 피라미드의 상위로 이동하는 동적인 특성이 있다. 반대로 기술이 발전하고 비용이 감소하게 되면 부합 저장용량이나 실제 저장용량은 아래 방향으로

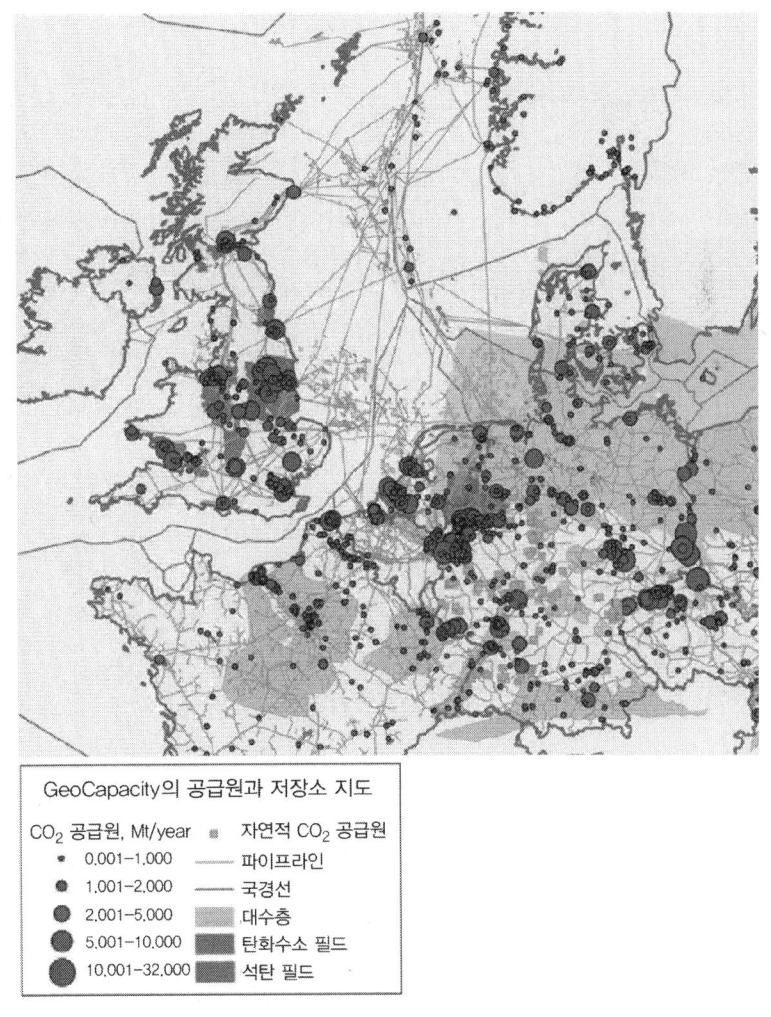

그림 2.18 북서유럽의 CO_2 배출, 인프라, 저장용량 지도(www.geocapaciy.eu에서 다운로드 받음; EU GeoCapacity final report, 2009)(p.xvii 컬러 그림 참조)

확장될 수 있다. 궁극적으로 결정적인 요소는 부합 저장용량이다. CO_2 저장 목표는 정량화하되 주요 배출원(발전소 및 산업체에서의 포집)으로부터의 구체적인 CO_2 운송량과도 부합하여야 한다. 이러한 개념은 북해 분지를 주요 저장 자원으로 가정한 북서유럽의 CO_2 배출량, 인프라 및 저장용량의 평가사례(그림 2.18)에서 볼 수 있다.

2.4.3 저장용량 예측기술

다공성 지질매질에서의 구조 또는 층서포획될 수 있는 이론적 CO_2 저장용량(V_{CO_2})은 저장가능한 공극부피로 단순하게 추정한다.[34]

$$V_{CO_2} = V_{trap}\phi(1 - S_{wirr}) \qquad (2.6)$$

여기서 V_{trap}은 포획공간의 부피, ϕ는 공극률, S_{wirr}은 회수불능 물포화도이다.

사암층에서는 전체 층 내에서 사암이 아닌 부분을 순층후비(Net/gross ratio)[35]에 기초하여 빼는 것이 관례이고, CO_2의 부피보다는 질량을 계산하는 것이 일반적이다(원위치 CO_2 밀도 ρ_{CO_2}를 사용하여 산출). 이론

---

34 **역주**: 전체 포획가능 구조의 공극부피에서 이동이 불가능한 지층수의 부피를 제외한 부피이다.
35 **역주**: 사암은 포획이 주로 이루어지는 층이고, 사암이 아닌 층은 포획과 무관한 층으로 가정한 경우에 순수하게 포획이 이루어지는 암석층의 두께(층후; Thickness) 비를 나타낸다. 예를 들어, 총 암석층 10m 가운데 사암층의 두께가 8m, 비사암층의 두께가 2m로 2개 층을 이루고 있다면, 총 두께(10m) 대비 사암층의 순수 층후(8m)이므로 Net/gross ratio=8/10=0.8이 된다.

적인 CO_2 저장용량에서는, 주입 CO_2가 다공성 매질을 따라 상부로 이동하다가 구조적으로 닫힌 공간[36] 까지 도달하는 과정에서 이동하던 다공성 매질 내에 잔류상으로 남아 있는 CO_2 부피까지도 포함할 수 있다. 이러한 잔류 형태의 지중저장 요소는 다음과 같이 추정할 수 있다.

$$V_{CO_2} = V_{swept} \phi S_{CO_2R} \tag{2.7}$$

여기서 V_{swept}는 CO_2가 이동하면서 접촉한 공극부피, S_{CO_2R} 는 잔류된 CO_2의 포화도이다. 회수불능 물포화도(S_{wirr})와 잔류 CO_2 포화도(S_{CO_2R})는 암석의 종류와 공극의 크기에 크게 좌우되며, 일반적인 값의 범위는 각각 S_{wirr}= 0.2~0.4와 S_{CO_2R} =0.2~0.3이다(그림 2.10).

이와 같이 이론적으로 'CO_2 저장이 가능한 공극 공간'을 추정하는 과정에서는 유체의 동적인 거동 특성을 고려하지 않았는데 이를 고려한다면 CO_2는 저장이 가능한 공극 공간 중 일부만을 채우게 될 것이다. 그러므로 유체의 동적인 특성을 감안하기 위해 저장효율지수(Storage efficiency factor, ε)를 도입하여 대염수층 내 공극부피(V_ϕ)에 실제 저장가능한 **유효저장용량**(M_{CO_2})을 다음과 같이 얻을 수 있다(Bachu, 2005).

$$M_{CO_2} = V_\phi \rho_{CO_2} \epsilon \tag{2.8}$$

---

36 **역주**: 구조포획의 경우에는 덮개암 또는 차폐암 하부, 층서포획의 경우에는 암석층의 불균질도에 따라서 포획되는 공간(예: 모래톱, 부정합 등)을 의미한다.

그러므로 전통적인 지하 매핑법에 기초하여 대염수층의 CO_2 지중저장 대상층의 지층구조와 공극률을 알고 있다면, 유효 CO_2 저장용량(M_{CO_2})은 탐사 및 평가정에서 확보한 영향인자를 통해 타당하게 계산할 수 있다. 즉, 총 암석부피(V_b)에 공극률(ϕ), 순층후비(N/G), 저장가능한 최대 포화도 ($1-S_{wirr}$) 등 영향인자의 평가결과를 반영함으로써 식 2.8을 다음과 같이 확장할 수 있다.

$$M_{CO_2} = V_b \phi N/G \rho_{CO_2} \epsilon (1 - S_{wirr}) \tag{2.9}$$

기본적인 개념을 제시하는 위 식에 대해, 사업 추진지역이나 실무자에 따라 수식에 포함하여야 할 변수에 대한 가정이 달라질 수 있으므로(Bachu, 2015), 어떤 가정이 사용되었는지 인지하는 것이 중요하다. 저장효율지수 ϵ는 대수층에 실제 저장된 CO_2의 부피를 이론적으로 추정한 저장가능 공극부피로 나눈 값으로(van der Meer, 1995), 매질의 불균질성 그리고 유체의 분리와 접촉효율(Sweep efficiency)의 영향을 복합적으로 받는다. 따라서 ϵ값은 현장부지 특성에 따라 달라져 추정하기 어려운데 과거 사례로 밝혀진 ϵ의 범위인 0.005~0.06을 참고할 수 있다(즉, 공극부피의 6% 미만). 다음 절에서 보다 자세히 논의하겠지만, 저장효율을 추정하기 위해서는 저류층 시뮬레이션에 기초하거나 해석적 접근법을 이용할 수 있다.

고갈된 유가스 저류층에 CO_2를 지중저장 할 경우, 지질구조 내 탄화수소 부피는 과거 생산정 자료와 탄성파탐사 결과를 통해 어느 정도 정량화할 수 있다. 고갈 유가스전의 경우에는 원시탄화수소부존량(HCIIP)[37]을 이용하여 저장용량을 추정하기도 한다.

$$M_{CO_2} = HCIIP \ \rho_{CO_2} R_f (1 - F_{ig}) B_{HC} \tag{2.10}$$

여기서 R_f는 회수율(생산된 탄화수소양과 원시탄화수소부존량의 비), F_{ig}는 주입된 가스비(가스가 사용된 경우), B_{HC}는 탄화수소의 지층용적계수[38]이다.

대부분의 경우 저장에 있어 첫 번째로 고려해야 할 주된 대상은 고갈된 가스전이지만, 이러한 가스전도 일부 액체 탄화수소를 포함하고 있어 고갈된 유전에서 CO_2-EOR과 연계된 CO_2 저장이 더 적합할 수 있다. 단, 이 경우에는 식 2.10과 같이 저장용량을 계산하는 방법을 적용할 수 없다.[39]

2.4.4 저장효율의 이해

CO_2 저장 부피와 저장효율지수(ε)를 정확하게 추정하는 가장 좋은 방법은 정밀한 3차원 지질모델을 구성하여 동적 유동모델링을 수행하는 것이다. 반면, 해석적 접근은 CO_2 저장의 잠재적 효율성을 빠르면서도 효과적으로 파악할 수 있는 유용한 방법이 될 수 있다.

일반적으로 밀도가 작은 유체(가스 또는 CO_2)는 부력에 의해 상승하

---

[37] **역주:** 생산 이전 지하에 부존하는 탄화수소(원유 및 천연가스)의 부피를 지상조건에서의 부피로 환산한 양(Hydrocarbon volume initially in place)
[38] **역주:** 지상조건에서 유체의 부피를 저류층 상태에서 차지하는 부피로 환산하는 계수 (Formation volume factor)
[39] **역주:** 고갈 유전에 CO_2를 주입하여 잔존 원유를 일부 생산하는 과정으로 얼마나 많은 추가 원유를 경제적으로 회수할 수 있느냐에 초점을 맞추고 있어, 보통 CO_2 저장량에 대해서는 다루지 않는다. 그리고 주입한 CO_2는 잔존 원유에 혼합되거나 비혼합된 형태로 이동하여 원유와 함께 생산될 수 있어 저장량을 계산하기 위해서는 복잡한 분석이 필요하다.

며 경사상부(Up-dip)로 이동하여 대수층 공극의 일부만을 채운다(그림 2.8 참조). 이 효과는 CO_2 플룸(또는 2상, 비혼합성 유체)의 기하학적 특성에 따라 분석할 수 있는데, Nordbotten 등(2005)은 탄화수소-물 시스템에 적용되었던 접근법(예: Rapoport, 1955; Shook et al., 1992; Ringrose et al., 1993)을 심부 대염수층에서의 CO_2 지중저장에 적용하였다. 여기에서는 이 문제에 광범위하게 적용되고 있는 해석적 접근법에 대해 간단히 소개한다 (Okwen et al., 2010).

수직 주입정을 통해 두께 B의 대염수층에 수평방향으로 Q_{well}의 양을 주입할 때[40] CO_2 플룸은 반지름 r인 '곡선형 역원뿔형(Curved inverted cone)'의 형태로 확장한다(그림 2.19a). Nordbotten 등(2005)은 이 경우를 기하학적으로 특성화(그림 2.19b)하고 CO_2 플룸 분포에 대한 해석해를 구하였다.

실제 플룸의 형태는 CO_2 밀도와 유동속도를 비롯한 여러 요인에 따라 달라진다. 즉, 염수와 CO_2의 밀도차($\rho_{brine} - \rho_{CO_2}$)가 커지면 수직이동이 더 커지고 수평적으로 더 넓게 퍼지는(r_{max} 증가) 반면 유체의 유동속도가 커지면 주입정 주변에 점성유동이 증가한다(r_{min} 증가). 유체 동역학의 관점에서 CO_2 플룸 분포 곡선의 형태는 중력 대비 점성력의 비로 결정되기 때문에, Nordbotten 등(2005)과 Nordbotten과 Celia(2006)는 곡선의 형태가 중력/점성력 비 및 기타 무차원 비의 함수에 따라 변화함을 보여주었다.

이와 같은 해석적 모델은 저장효율을 추정하는 데 이용할 수 있다. 원기둥 모델에서 플룸의 확장을 분석하기 위해 먼저 CO_2 저장용량계수 C_c를

---

[40] **역주**: 두께 B를 가진 수평방향으로 발달한 대염수층에 수직방향으로 주입정을 뚫은 후, Q_{well}의 주입속도로 주입하면, 부력의 영향으로 위쪽이 넓은 콘형태의 CO_2 분포가 발생한다.

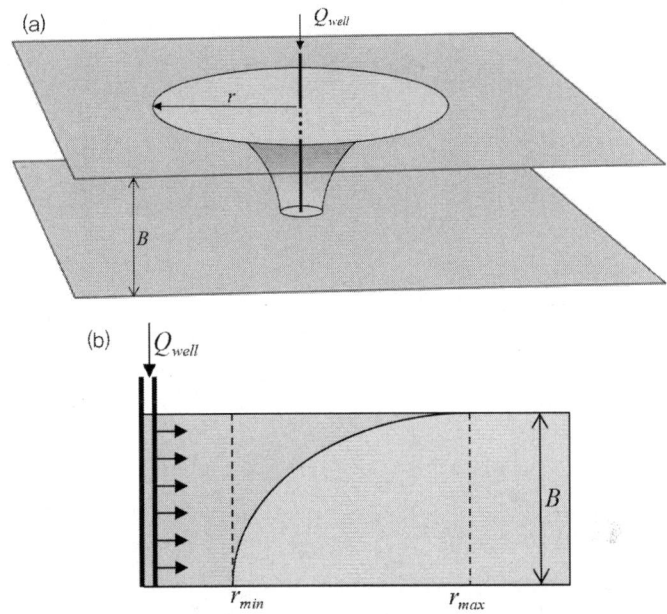

그림 2.19 (a) 심부 대염수층에서 부력에 의한 이상적인 형태의 CO_2 플룸 확장형태; (b) 이론적인 플룸형태 분석을 위한 변수(Nordbotten et al., 2005)

다음과 같이 정의할 필요가 있다(그림 2.20, 식 2.11).

$$C_c = V_{injected}/V_{PV} \tag{2.11}$$

여기서 V_{PV}는 원기둥의 총 공극부피이다.[41] 주입이 완료되면 C_c는 최종 저장효율 ε와 동일해진다. 실제 사례에서는 플룸의 형태가 다양할 수 있지만 해석적 방법에서는 플룸을 원형으로 가정한 뒤 원기둥의 공극부피를 이용하여 저장용량계수 C_c를 다음과 같이 계산할 수 있다.

---

41 **역주**: 원기둥의 부피에 공극률을 곱하면 원기둥의 공극부피가 계산된다.

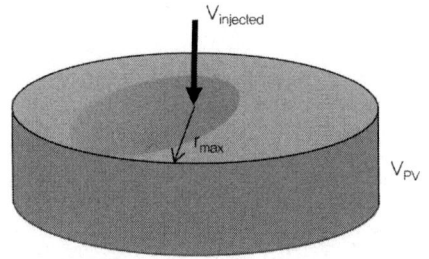

그림 2.20 CO_2 플룸을 포함하는 원기둥 구조에서 저장용량계수 C_C 정의를 위한 변수

$$C_c = \frac{V_{injected}}{V_{PV}} = \frac{Q_{well}t}{\phi B \pi (r_{max})^2} \quad (2.12)$$

실제 저장소에서는 CO_2 플룸 최대반경(r_{max})은 모니터링 자료를 통해 결정할 수 있다.[42] CO_2 이동에 대해 어느 정도 예상이 가능한 경우에는 CO_2 플룸의 반지름을 해석적으로 예측할 수도 있다. 유체유동이 점성에 따라 크게 좌우되고 부력이 작을 경우에 대해 Nordbotten과 Celia (2006)는 r_{max}를 다음과 같이 정의하였다.

$$r_{max} = \sqrt{\frac{\lambda_c}{\lambda_b} \frac{Q_{well}t}{\pi B \phi}} \quad (2.13)$$

여기서 λ_c는 CO_2의 유동도(Mobility), λ_b는 염수의 유동도, t는 주입시간이다. 각각의 상에 대해 유체 유동도는 상대유체투과도를 점성도로 나눈

---

[42] 관측정에서의 CO_2 플룸이 최초로 도달(Breakthrough)하는 시점 또는 시간경과 탄성파 영상(Time-lapse seismic image)을 이용하여 구할 수 있다.

값인 $\lambda_i = k_i/\mu_i$로 정의한다.[43] 다상 거동에서는 유체의 유동도를 유동도비(Mobility ratio; $\lambda_r = \lambda_c/\lambda_b$)로 바꾸어 활용한다.

이 해는 중력/점성력 비가 작은($\Gamma < 1$) 수평연속 대수층에서의 점성 지배유동[44]에 대해 적용될 수 있는데, Nordbotten 등(2005)은 이를 판별하기 위한 지표로 중력지수(Γ)를 다음과 같이 제안하였다.

$$\Gamma = \frac{2\pi \Delta \rho k \lambda_b B^2}{Q_{well}} \qquad (2.14)$$

여기서 k는 유체투과도, $\Delta \rho$는 두 유체의 밀도차이다.

유체의 물성은 저장용량계수 C_c 계산 과정에 크게 영향을 준다. 예를 들어, 심도 약 1km 지점에 위치한 100m 두께의 대수층에 CO_2를 주입할 때, C_c의 이론해는 대략 0.25이지만(유동도비 $\lambda_r = 4$, 밀도차 $\Delta \rho = 300\, kg/m^3$을 가정) 유동도비(그림 2.21)에 따라 그 값이 달라질 수 있다.

점성 지배유동에서의 저장용량계수 C_c는 식 2.12를 식 2.13에 대입하여 다음과 같이 유도된다.

---

43 **역주**: 2개 이상의 상이 존재하는 경우 각각의 상에 대해 유동도가 정의된다. 석유공학에서는 상대유체투과도를 k_r로 주로 표기하므로 $\lambda_i = k_{ri}/\mu_i$로 표기하는 경우가 일반적이지만, 이 책의 표현을 그대로 표시하였다. 상대유체투과도는 유효유체투과도를 절대유체투과도로 나눈 값으로 무차원이다. 유동도비는 2개의 유체 유동도의 상대적인 비로 무차원이다.

44 **역주**: 수평방향으로 연속적으로 연결되어 있으며 물성이 균질한 대수층을 의미한다. 이때 점성력이 중력보다 유동에 더 지배적으로 영향을 미치는 상태를 의미하는 중력/점성력 비가 작은 경우의 해를 제시한 것이 식 2.14이다.

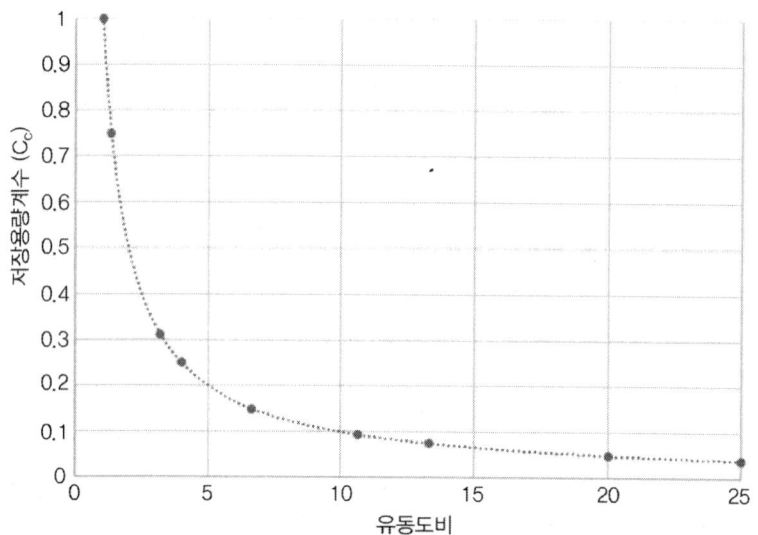

그림 2.21 유동도비(λ_r)의 함수인 저장용량계수(C_c)

$$C_c = \frac{1}{\lambda_r} = \frac{\lambda_b}{\lambda_c} = \frac{k_{rb}}{k_{rc}} \frac{\mu_c}{\mu_b} \qquad (2.15)$$

k_{rb}는 염수의 상대유체투과도, k_{rc}는 CO_2의 상대유체투과도이다. 지금과 같이 단순화된 경우에 있어서, 사실상 저장용량계수 C_c는 유동도비(λ_r)의 역수이다. k_{rb}와 k_{rc}가 유체포화도의 함수이기 때문에 유동도비 또한 가변적 함수이다. 저장용량계수가 분포할 수 있는 범위를 파악할 때에는 상대유체투과도의 끝점 값[45]을 사용하여 계산하는 것이 일반적이다(그림 2.10 참조).

---

45 역주: 상대유체투과도 곡선의 끝점을 의미하며, 유체 각각의 임계포화도(Critical saturation)와 회수불능 포화도(Irreducible saturation)에 해당하는 상대유체투과도 값이다 (상대유체투과도 곡선은 2개의 곡선으로 구성되며, 각 곡선의 양쪽 마지막 끝점들이다).

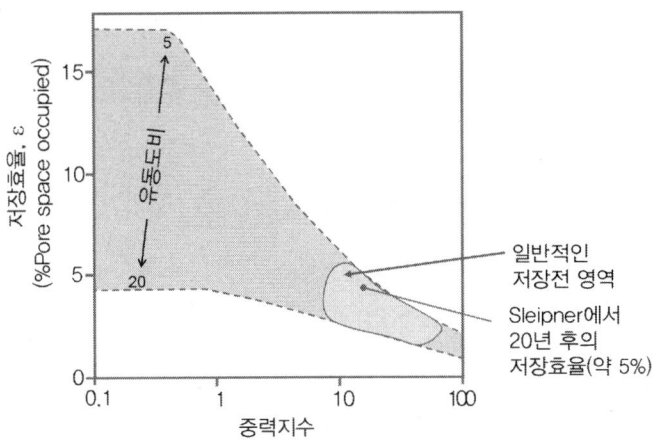

그림 2.22 유동도비(λ_r), 중력지수(Γ)의 함수인 저장효율(ϵ)(Okwen et al., 2010 수정)

그러나 CO_2 저장 조건에서는 중력의 영향이 상당히 크기 때문에 중력 효과를 무시하는 것은 다소 잘못된 결과로 나타날 수 있다(CO_2는 물보다 밀도와 점성도가 유의미하게 작다). 지금까지 논의한 해석적 접근법을 확장하여 Okwen 등(2010)은 중력지수(Γ)의 함수로 저장효율을 평가하였다. 그 결과 중력효과를 고려하게 되면 저장효율이 상당히 감소한다는 것을 밝혔다(그림 2.22). CO_2 저장소의 중력지수가 보통 $10 < \Gamma < 50$이므로 ϵ는 0.06 미만의 값이 된다. 이는 저장효율의 수치가 일반적으로 $0.01 < \epsilon < 0.06$ 범위에 분포한다는 이론적인 근거를 제시한다. Sleipner 저장소에서 20년 동안 CO_2를 주입한 시점에서 시간경과 탄성파 자료에 근거하여 실제 저장효율을 측정한 결과, ϵ는 약 5% 수준으로 상기 해석적 접근법이 상당히 타당하다는 것을 보여주었다(Ringrose, 2018). 이에 대한 보다 자세한 내용은 다음 절에서 논의한다.

2.4.5 저장량 평가사례: Sleipner 프로젝트

Sleipner 사례를 통해 CO_2 저장용량 추정에 영향을 미치는 실질적인 제어인자에 대한 정보를 얻을 수 있다. 1996년부터 CO_2 저장 프로젝트를 운영해 온 Sleipner(Baklid et al., 1996; Eiken et al., 2011)에서는 CO_2 플룸의 동적 거동을 모니터링하기 위해 시간경과 탄성파탐사를 20년 동안 지속적으로 수행하였으며 CO_2의 독특한 거동 특징들을 관찰할 수 있었다(Arts et al., 2004; Furre et al., 2015, 2017). 플룸의 성장 양상을 파악할 수 있는 시간경과 탄성파탐사의 주요 관측 결과들(그림 2.23과 2.24)을 보면, 최상층(9번층)이 가장 선명하게 영상화되었다는 것을 알 수 있다. 이는 상부층에서의 반사파가 시간지연이나 하부층에서 반사된 파들과의 간섭 등에서 자유롭기 때문이다. 전체적으로 CO_2 플룸은 '뒤집힌 원뿔'의 형태이지만 200m의 두꺼운 사암층 내부의 여러 층들에서 CO_2 플룸이 좀 더 복잡한 형태로

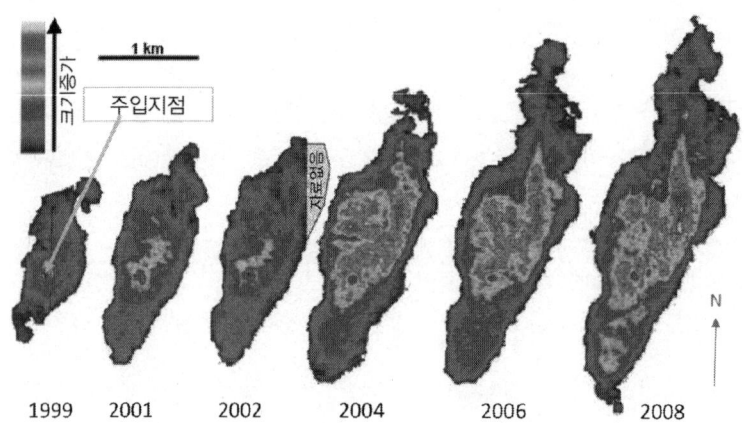

그림 2.23 Sleipner에서 연도별로 측정한 (모든 층의 경계에서 반사하여 돌아온) 시간경과 탄성파 반사 진폭의 누적 강도: 플룸의 가운데 부분에서 반사파의 강도가 가장 크며, 모든 방향으로 플룸이 팽창하지만 북쪽으로 가장 크게 팽창하고 있음을 알 수 있음(p.xix 컬러 그림 참조)

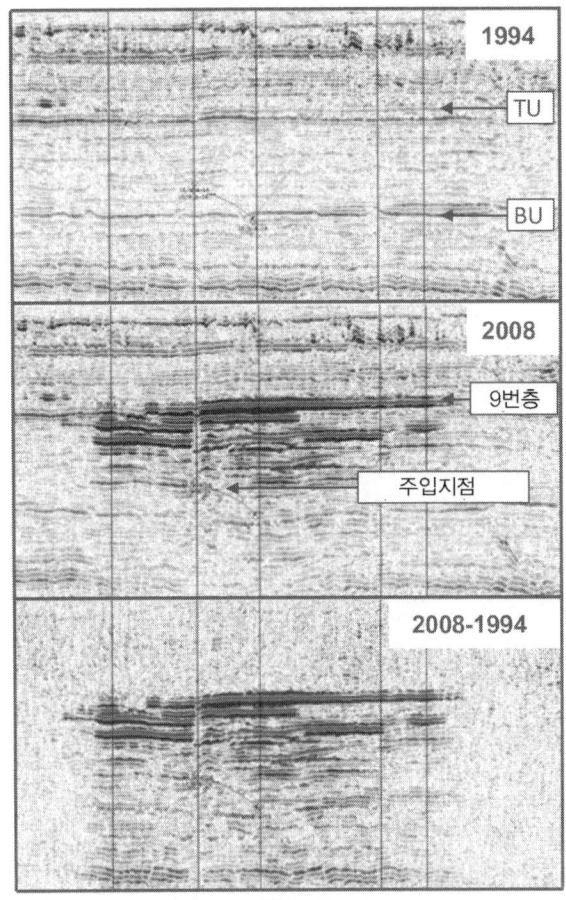

북남(N-S)

그림 2.24 Sleipner에서의 북남(N-S) 방향의 탄성파 단면으로, 1994년의 주입 전 상태, 주입 후 2008년까지 다수 층에 침투한 CO_2에 의해 증폭된 반사파 진폭 그리고 2008년 진폭에서 1994년도 진폭을 뺀 반사파 진폭의 차이(2008-1994). (Equinor 제공 그림)(p.xviii 컬러 그림 참조)

팽창하고 있는 것을 관찰하였다. Singh 등(2010)은 9번층의 CO_2 플룸의 거동 모사를 위한 저류층 모델과 함께 모델링의 근거자료를 제시하였다. 모델링 결과 자료들을 탄성파 진폭 지도와 함께 분석하면 실제 저류층에서

CO_2 저장효율의 매개변수를 추정할 수 있다. 이러한 방법으로 Sleipner 프로젝트에서 탄성파 관측자료에 기초한 플룸의 크기와 주입질량(Mass rate)을 추정하였다(표 2.3). 단, 여기서 탄성파탐사에서 감지하지 못하는 플룸의 양은 무시하였음을 감안하여야 한다.

표 2.3 Sleipner 9번층에서 플룸 성장 관찰. r_{max}는 탄성파 자료상 주입지점으로부터 플룸의 가장 북쪽 연장까지의 거리이다. 9번층의 주입질량은 진폭 지도에서 구한 총주입량의 비율로 추정하였다(Singh et al., 2010 수정).

연도	r_{max}(m)	9번층 주입질량(Mt)
1996	0	0.00
1999	346	0.02
2001	1,022	0.10
2002	1,290	0.16
2004	2,091	0.33
2006	2,569	0.66
2008	2,786	1.19
2010	2,942	1.83

Singh 등(2010)과 Cavanagh 등(2015)의 추정값을 근거로 두께 11.3m, 공극률 0.36, CO_2 밀도 355kg/m³를 가정하고 식 2.12를 사용하여, 2010년까지 9번층의 저장용량계수 C_c를 계산하였다(그림 2.25). 그 결과 이 계수 값은 0.04까지 증가하다가 감소한 뒤 다시 거의 0.05까지 증가했다. 이러한 변화가 일어난 것은 주로 최상층의 지형에 의한 것으로, 하나의 포획구조가 CO_2로 모두 채워지고 나서 CO_2 플룸이 북쪽의 두 번째 포획구조로 확장하였기 때문이다. 종합적으로 볼 때, 9번층의 저장용량계수는 0.05에 가깝다고 볼 수 있다.

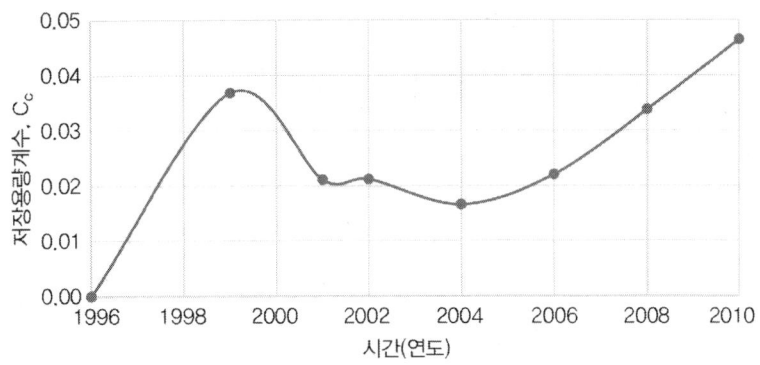

그림 2.25 9번층의 저장용량계수(C_c)에 대한 연도별 추정

Sleipner 저장소의 총 저장효율지수 ϵ은 모니터링 관측자료들에서 추정할 수 있다. 2013년 탄성파 모니터링 자료(Furre et al., 2017)와 다음 가정 아래 식 2.8을 이용하면 2013년도 Sleipner의 저장효율지수 ϵ은 대략 5.2%로 산정할 수 있다.

- 2013년까지 주입된 CO_2의 전체 양은 14.7Mt
- 저장체의 부피는 포획구조들과 플룸을 덮고 있는 4km×1.5km의 면적으로 정의(2013년 진폭지도 해석 결과)
- 이 면적은 전체 저장가능 공극부피 $4.17 \times 10^8 m^3$에 해당함
- CO_2의 밀도는 심도의 함수이지만(Cavanagh et al., 2015) 중력 자료에 근거하여 평균 $675kg/m^3$로 추정함(Alnes et al., 2011)

이 정도의 저장효율이 가능한 것은 CO_2가 이동하며 중간 세일층에 의해 형성되는 국부적인 포획구조 내에 저장될 수 있었기 때문이다. Furre 등(2019)은 Sleipner에서 CO_2 플룸 내에 복수의 수직 진입통로(Vertical feeder point)들이 존재한다는 증거와 함께 다수층 간에 존재하는 여러 진입통로에 의해 CO_2가 채워지는 역학적 과정이 복잡하다는 것을 보여주었다. 이러한 내부적 복잡성에도 불구하고, CO_2가 사암층들 내에 점진적으로 채워지고 구조포획의 형태로 공극 내부에 갇히면서 전체 저장효율지수 ϵ은 2013년까지 거의 선형적으로 증가하여 0.052까지 도달하였다(그림 2.26).

그림 2.26 Sleipner의 전체 Utsira 지층에서의 CO_2 저장효율지수 ϵ에 대한 추정값

2.5 이산화탄소 지중저장을 위한 유동역학

2.5.1 이산화탄소 지중저장의 무차원 지수

지하에서 발생하는 CO_2의 유동을 예측하거나 모델링하기 전에 작용하는 물리적 현상을 먼저 이해할 수 있어야 한다. 유체와 관련한 힘들은 CO_2 지중저장을 이해하는 데 매우 중요하므로 힘들 간 관계를 나타내는 무차원

지수에 대한 개념을 간단히 살펴볼 필요가 있다. 염수로 포화된 투수성이 있는 암석층에 CO_2를 주입하는 것은 현재까지 광범위하게 연구되어 왔던 2상 유동문제의 범주에 속한다. 2상의 CO_2-염수 시스템은 2상 원유-물(Oil-Water) 또는 가스-물(Gas-Water)시스템과 유사하다. 각각의 유체 쌍은 일반적으로 비혼합성인 반면, 가스-원유(Gas-Oil)는 혼합성이다. CO_2-EOR 설계에서 중요한 CO_2-원유 시스템은 심도, 압력, 온도에 따라 혼합성 또는 비혼합성 모두 가능하다. 실제 CO_2 지중저장의 유체시스템은 3상(예: CO_2-염수-원유)일 수도 있어 이 문제는 보다 복잡해질 수 있다. 이 책에서는 CO_2-염수 시스템에 적용하는 2상 비혼합성 유동문제에 초점을 맞추어 서술한다.

기본 개념은 유체에 작용하는 힘들간의 비율을 정의함으로써 유동역학을 특성화하는 무차원 지수를 도출하는 데 있다(예: Rapoport, 1955). 다양한 정의법이 있을 수 있으나 수학적으로 상당히 복잡하기도 하고 이 책에서는 보다 중요한 지수에 집중하고자, 2상 비혼합성 유동의 주요 요소와 개념만을 소개한다(Shook et al., 1992; Ringrose et al., 1993). 먼저 점성력, 모세관력, 중력에 의해 유도되는 압력구배 비를 결정함으로써 유체에 작용하는 힘의 비를 정의한다.

Darcy 법칙에 따르면 x방향의 점성력은 점성도(μ), 유체투과도(k_x), 유체속도(u_x)에 의해 다음 식과 같이 나타낼 수 있다.

$$\frac{dP}{dx} \propto \frac{\mu}{k_x} u_x \tag{2.16}$$

이 법칙은 각각의 상에 적용되며, 압력구배는 방향에 따라 다를 수 있다.[46] 모세관력은 물 포화도의 함수인 모세관압으로 정의된다(dP_c/dS_w). 중력방향의 힘은 유체 간 밀도 차이와 중력가속도(g)에 의해 정의되며 수직방향 z에 대해서 $\Delta\rho g \Delta z$로 표현한다.

압력구배의 비를 이용하여 특성화된 무차원 비는 위상차(Δz)와 수평거리(Δx)에 따라 2차원 단면에서 다음 식들과 같이 정의된다.

$$\text{Viscous / capillary ration } \frac{u_x \Delta x \mu_{nw}}{k_x (dP_c/dS_w)} \tag{2.17}$$

$$\text{Gravity / capillary ratio } \frac{\Delta\rho g \Delta z}{(dP_c/dS)} \tag{2.18}$$

이방성을 표현하는 기하학적 비(Geometrical ratio)와 점성도 비도 추가적으로 다음과 같이 각각 정의된다.

$$\text{System shape group } \frac{k_x}{k_z}\left(\frac{\Delta z}{\Delta x}\right)^2 \tag{2.19}$$

$$\text{Viscosity ratio } \frac{\mu_{nw}}{\mu_w} \tag{2.20}$$

여기서 μ_{nw}는 비습윤(Non-wetting) 유체의 점성도, μ_w는 습윤성 유체의 점성도이다.[47]

---

46 통상적으로 식 2.16을 방향에 따라 표현하기 위해 벡터 또는 텐서 형태의 유체투과도가 필요하다.

47 CO_2 지중저장 문제에서 비습윤 유체는 CO_2, 습윤성 유체는 물이다.

이와 같은 무차원 지수는 특정 조건의 CO_2-염수 시스템에서 유동이 어떻게 발생하는지 이해하는 데 사용한다. 예컨대, 유동조건이 점성력, 중력, 모세관력 중에서 어느 것에 의해 지배되는지, 지하매질의 이방성에 의해 어떠한 유동특성을 보이는지를 파악할 수 있다. CO_2 지중저장 부지에서 주어진 저류층 조건에 대해 이러한 비율을 사용하면 어떤 요인이 가장 중요한지 빠르게 판단할 수 있다. 앞서 논의한 바와 같이 대부분의 CO_2 저장 과정은 중력 지배적일 것으로 예상된다. 그러나 힘이 시간, 위치 및 방향에 따른 함수이기 때문에(Stephen et al., 2001), 특정 상황에 대해 더 정확한 무차원 지수를 정의하는 것이 필요하다. 예를 들어 Zhou 등(1997)은 2차원 수직 단면에서 발생하는 수평유동을 분석하기 위해 점성력/모세관력 비(N_{VC}), 중력/점성력 비(N_{GV})와 같이 개선한 무차원 지수를 제안하였다.

$$N_{VC} = \frac{u_x \Delta z^2 \mu_{nw}}{k_z \Delta x (dP_c/dS_w)} \tag{2.21}$$

$$N_{GV} = \frac{\Delta \rho g \Delta x k_v}{u_x \Delta z \mu_{nw}} \tag{2.22}$$

식 2.21과 식 2.17은 모두 무차원 비율이지만 대상체가 다루어지는 방식에 따라 길이 방향 항이 다를 수 있다.[48] CO_2-염수 시스템에서 유용한 또 다른 가정은 중력에 의해 두 유체가 수직적으로 분리된다고 가정하는 수직

---

48 역주: 수평유동을 다루는 좌표축이 직교좌표계 또는 방사형좌표계인지에 따라 수식이 다르게 표현될 수 있다.

평형 조건이다. Yortsos(1995)는 수직적으로 분리된 유동이 $N_{GV} \ll 1$(식 2.22)일 때 쉽게 발생하는 경향이 있다고 서술하였다.

또한 보다 널리 사용되는 근본적인 점성력/모세관력 지수는 모세관수(Capillary number; C_a)이다.

$$C_a = \mu u / \gamma \tag{2.23}$$

여기서 γ는 표면장력이다. 또 다른 중요한 중력/모세관력 비는 본드 수(Bond number; 또는 Eötvös number)로 다음과 같다.

$$B_o = \Delta \rho g L^2 / \gamma \tag{2.24}$$

여기서 L은 특성 길이(Characteristic length)[49]이다. CO_2 지중저장의 맥락에서 C_a와 B_o는 공극 규모에서 CO_2 방울의 물리적 거동을 평가할 때 주로 사용되는 반면, 점성력/모세관력 비(N_{VC})와 중력/점성력 비(N_{GV})는 보다 거시적인 유동문제를 분석할 때 사용한다. 이와 같은 무차원 지수를 이용하여 CO_2 지중저장 저류층에서 예상되는 유체 동역학의 유형을 파악할 수 있다. 주입정 인근에서는 압력구배가 높기 때문에 점성 지배적인 조건이 발생할 것이지만, 주입정에서 멀리 떨어진 저류층 영역에서는 중력 지배적인 상태가 될 것이다.

점성력/모세관력 비(N_{VC})에 있어서 모세관력을 정량화하기는 어려

---

49 역주: 상황(수직 또는 수평유동, 중력, 모세관력의 방향 등)에 따라 다르게 정의할 수 있는 거리 또는 길이

울 수 있다. 균질한 다공성 매질에서는 모세관력이 매우 작은 규모(공극 규모에서 약 0.2m까지)에서만 작용하여 더 큰 규모에서는 거의 영향을 주지 않는다. 그러나 실제 저류층은 층리 또는 층상구조 등으로 인해 불균질하기 때문에 모세관력의 영향은 큰 규모에서도 상당히 클 수 있다(Ringrose et al., 1993; Krevor et al., 2011). 이것은 불균질 포획으로 불리며 소규모 불균질도(예: 0.01~0.1m 규모의 층리)의 모세관력에 의해 비습윤상의 잔류를 유발하는 현상을 의미한다. Huang 등(1995, 1996)은 층상형태의 사암으로 구성된 물-원유 시스템에서 이러한 효과를 실험실 규모에서 입증하고 정량화하였으며, 전체 원유 부피의 30~55%가 유체투과도가 높은 층에 고립되어 포획되는 것으로 나타났다. 이와 유사한 효과는 CO_2-염수 시스템에서도 입증되었으며(Reynolds and Krevor, 2015; Trevisan et al., 2015), 불균질 포획을 고려한 CO_2 지중저장 모델은 상당한 양의 CO_2가 잔류 CO_2 포화도 형태로 지중저장될 가능성이 있음을 보여준다(Krevor et al., 2015; Meckel et al., 2015).

　CO_2 지중저장소에서 점성력, 모세관력, 중력의 상대적인 역할은 부지에 따라 다양할 수 있지만 몇 가지 원칙은 있다(그림 2.27). 단일상의 유체 거동과 건조효과(Dry-out effect)가 예상되는 공저 인근에서는 높은 압력 구배가 발생할 수 있다. 공저 인근의 건조효과는 CO_2가 원위치 염수에서 염분의 용해도를 변화시키면서 발생한다(이에 대해서는 향후 CO_2 저장 프로젝트 설계를 설명하는 부분에서 다룰 것이다). 주입정 중심에서 약 100m 범위의 구역에서는 2상 유동이 예상되며, 점성 지배유동에서 모세관력 지배유동으로 점진적으로 바뀔 것으로 보인다. 반면 주입정에서 100m 이상 떨어진 원거리 구역에서는 중력과 모세관 효과가 지배적으로

발생할 것으로 예상된다(그림 2.27). 이는 해석적 모델(그림 2.19)에서 가정한 일반적인 개념과 일치하며, 압력구배의 변화와 유체의 동적 거동에 의한 복잡성을 추가한 것이다. 이 절에서는 모델링의 대상에 대해 다루었고, 다음 절에서는 이러한 현상들을 모델링하기 위한 방법론에 대해 논의할 것이다.

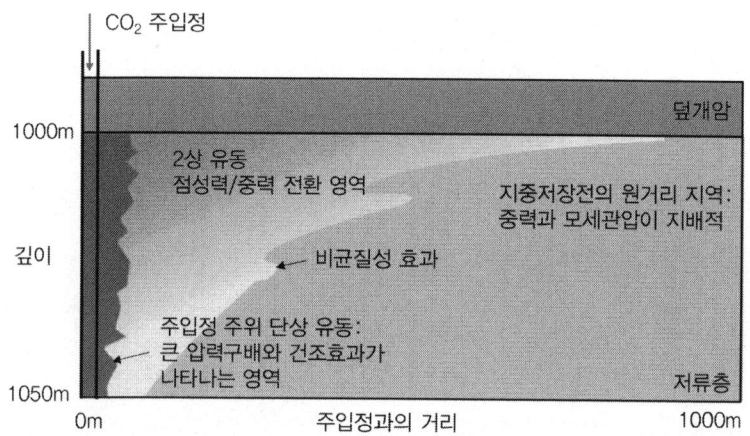

그림 2.27 이상적인 지중저장 층에 CO_2 주입이 이루어졌을 때, 유동영역과 거동과정에 대한 그림(Oldenburg et al., 2016 수정)

2.5.2 이산화탄소 지중저장의 수치모델링 기술

특정 저장부지를 검토하기 위해서는 CO_2 지중저장의 개념적 접근법을 넘어서는 3차원 수치모델을 사용하여야 한다. 이는 실제 지질구조와 유동과정이 매우 복잡하기에 어떠한 형태로든 보다 상세한 예측이 필요하기 때문이다. 지질학적인 저류층 모델링은 그 자체로 매우 중요한 주제로 여러 곳에서 다루어지고 있다(예: Ringrose and Bentley, 2016). 여기서는 CO_2 저장소에 적합한 모델을 구성하기 위한 핵심요소에 초점을 맞추어 주요 방

법론을 요약하고자 한다. 수치 모델링을 위한 필수적인 두 가지 요소는 아래와 같다.[50]

- 3차원 지질모델(정적모델)
- 유체유동 시뮬레이션 모델(동적모델)

지질모델은 '저장할 수 있는 공간(Container)'으로 단순화할 수 있는데, 상하부 층서와 경계를 이루는 단층뿐만 아니라 공극률 및 유체투과도와 같은 물성들의 '최적 추정값'도 포함한다. 이때 제한된 양의 탄성파 및 자료취득정 자료만으로도 상대적으로 단순할 수는 있겠지만 지질모델을 구성할 수는 있다. 그러나 암상의 분포, 구조적 불균질성, 석유암석물리적 특성 등을 반영한 보다 복합적인 다층 암석 지질모델이 필요할 때가 더 많다. Ringrose와 Bentley(2016)는 지질모델 구축과정을 설명하면서, 암석 시스템의 다중 규모적 특성에 대한 이해와 함께 모델 구성 시 추계학적인 방법과 결정론적인 방법 사이의 균형을 이해하는 것이 중요하다고 강조하였다. 정적 지질모델을 구성하여 동적 유체유동 시뮬레이션 모델을 수행했던 CO_2 저장 프로젝트인 알제리 In Salah(그림 2.28)와 노르웨이 Snøhvit(그림 2.29)의 사례를 살펴볼 것이다.

실무적으로는 특정 부지에 대해 몇 개의 다른 대체 지질모델이 필요할 수도 있다. 유동에 영향을 미치는 인자에 대한 이해도가 높아짐에 따라 지질모델을 업데이트하거나 격자를 좀 더 세분화하기도 한다. 과거에는

---

50 **역주**: 정적모델(Static model)은 시간에 따라 변화하지 않는 물성으로 구성되어 있는 반면, 동적모델(Dynamic model)은 시간에 따른 종속물성을 중점적으로 분석한다.

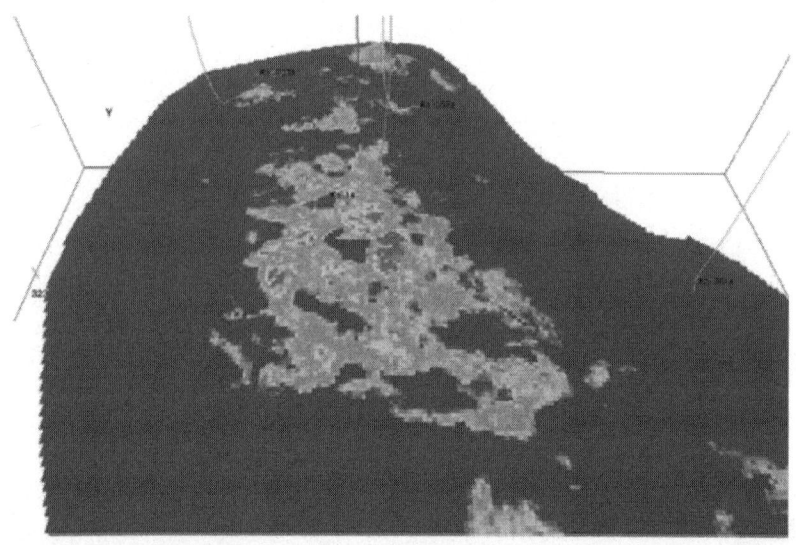

그림 2.28 CO_2 저장부지의 지질모델의 예. 탄성파 자료를 통해 예측한 공극률의 공간적 분포를 도시함(붉은색은 20% 이상의 공극률을 의미함; 알제리 In Salah CO_2 프로젝트 (Ringrose et al., 2011). 빨간선은 초기의 가스-물 경계면이며 파란색은 하부 대염수층으로 CO_2를 주입하는 주입정이다. 모델의 폭은 약 15km이다. (p.xix 컬러 그림 참조)

격자를 구성하는 데 소요되는 시간과 비용 때문에 저류층의 지질 모델링이 매우 제한적이었으며, 이로 인해 하나의 불완전한(때때로 잘못된 결과를 만들어내는) 지질모델로 한정되는 경향이 있었다. 이를 방지하기 위해 발생가능한 결과의 범위를 모두 포함하는 대체 모델들이나 개념들을 유지하기를 권장하는 추세이다. 향후 모델링 기술의 빠른 발전으로 모델링 과정은 조금 더 유연하고 격자에 구애를 받지 않는 형태가 될 것이다. 모델링을 수행하는 실무자는 다양한 지질특징과 시나리오를 신속하게 적용하여 유체유동에 미치는 영향을 평가할 수 있을 것이다(Bentley and Ringrose, 2017).

3D 정적 지질모델이 일단 정의되었다면, 다음 단계는 유동 시뮬레이

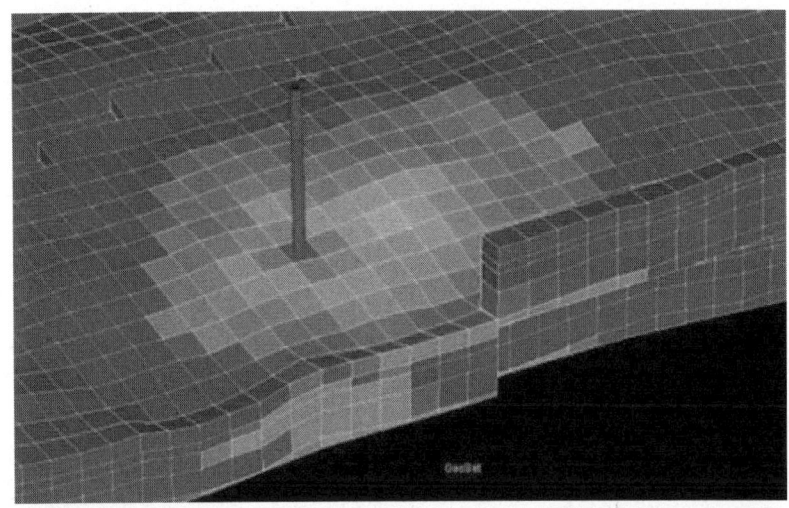

그림 2.29 CO_2 분포(녹색과 노란색이 CO_2 포화도를 의미)를 보여주는 유체유동 시뮬레이션 모델의 예. Snøhvit CO_2 주입부지(Hansen et al., 2013)의 성긴 격자모델임. 여기서는 80m 두께의 Tubåen 저류층을 5층의 격자로 구성하였다. 단층의 투과도에 다양한 배수를 적용함으로써 경계면에 위치한 단층을 통한 유동의 가능성을 연구하였다. (p.xx 컬러 그림 참조)

션 모델의 유형을 이해하는 것이다. 수치 유동모델링은 유동물리학부터 수치해석에 이르기까지 다양한 구성요소를 포함하는 광범위한 주제이기 때문에 여기서는 의사결정과 모델선택을 지원하는 목적으로 CO_2 지중저장 모델링의 주요 접근방식들을 개략적으로 설명하고자 한다. 이를 위해서는 사용하고자 하는 유동 시뮬레이터의 유형에 대한 이해가 필수적이다.

앞서 유체에 가해지는 힘들 중 어떤 힘이 중요하게 작용할 것인가를 규명하는 방법으로 해석적 접근법(2.4.4절)과 무차원 지수(2.5.1절)에 관해 서술하였다. CO_2 저장 모델링은 본질적으로 2상 유동이며 2상 유동 모델링 방법을 정하는 것에서 시작한다. 우선 유동문제를 정의하여야 하는데, 2상 비혼합성 유동문제에서는 2상 Darcy 유동방정식을 사용한다.

$$u_w = \frac{\bar{k}k_{rw}}{\mu_w}(\nabla P_w + \rho_w g \nabla z) \qquad (2.25)$$

$$u_n = \frac{\bar{k}k_{rn}}{\mu_n}(\nabla P_n + \rho_n g \nabla z) \qquad (2.26)$$

위 식들에서, u_w는 습윤성 유체(물)의 속도, u_n는 비습윤성 유체(CO_2)의 속도이다.[51] $\bar{k}$는 절대유체투과도, k_{rw}와 k_{rn}은 상대유체투과도, μ_w와 μ_n은 점성도, ∇P는 압력구배, ρ_w와 ρ_n은 유체의 밀도, g는 중력가속도, ∇z는 수직방향의 위상차이다. 이와 같은 2상 Darcy 유동방정식을 풀기 위해서는 3번째 방정식이 필요한데, 각 상의 압력 간의 관계를 정의하는 모세관압력 방정식이다(식 2.27).

$$P_c = (P_n - P_w) = \frac{2\gamma \cos\theta}{r_{eff}} \qquad (2.27)$$

여기서 γ는 계면장력, θ는 유체접촉각, r_{eff}는 유효 공극반지름(Effective pore radius)이다.

모세관압은 유체 포화도에 따라 크게 변하기 때문에 일반적으로 포화도에 대한 변화율로 표현한다($\frac{dP_c}{dS}$; 식 2.17, 식 2.18 참고). 대부분의 경우, 모세관압(P_c)은 코어자료에서 측정하거나 경험식으로 계산하기 때문에 주요 수치적인 문제는 2상 Darcy 유동방정식을 통해 계산한다. 유동 모

51　**역주:** 식 2.25와 식 2.26에서 아래첨자 w은 습윤성(Wetting) 유체이며 물-CO_2에서는 일반적으로 물이다. 아래첨자 n은 비습윤성(Non-wetting) 유체로 CO_2를 의미한다.

델링의 필수적인 제약조건은 질량보존 법칙이며, 모델 영역(예: 격자 셀)에 유출입되는 유체의 합이 0이 되어야 한다. CO_2 저장에 적용되는 2상 Darcy 유동문제의 이론 설명은 Nordbotten과 Celia(2011), Niemi 등(2017)을 참고할 수 있다. 2상 유동문제를 풀기 위한 주요 모델링 방법은 다음의 세 가지 유형으로 구분할 수 있다.

1. 2상 유한차분법(Finite-difference method)
2. 2상 유한요소법(Finite-element method)
3. 스며듦 침투법(Invasion percolation method)

위 방법론들(그림 2.30) 각각에 대해 자세히 살펴보면, 먼저 유한차분법은 CO_2 저장 유동시뮬레이션에서 주로 사용되는 접근법으로 수문학과 석유공학에서도 널리 사용된다. 유한차분법은 일반적으로 효율적인 계산이 가능하고, 결과의 정확도와 안정성, 해법의 용이성 측면에서 강점이 있기 때문이다. 유한차분법은 격자의 중심노드[52]를 사용하며, 격자의 중심과 중심으로 이동하는 다상유동량을 계산하는 수치해석법이다. 2상 유동문제는 선형행렬을 풀이하여 비교적 쉽게 해결되기 때문에, 3차원 정규직교격자망(3D Cartesian grid)을 사용하는 것이 효율적이고 활용도가 높은 편이다. 유한차분법은 불균질한 저류층에서의 유동해석에도 적용되고 있다(예: Durlofsky, 1991; Pickup et al., 1994; Pickup and Sorbie, 1996). 가장 널리 사용되는 수치해석법은 IMPES(IMplicit Pressure, Explicit Saturation)

---

[52] 역주: 격자의 정 가운데에 격자의 부피를 대표하는 물성(예: 공극률, 유체투과도, 압력, 유체포화도 등)을 설정하는 방법

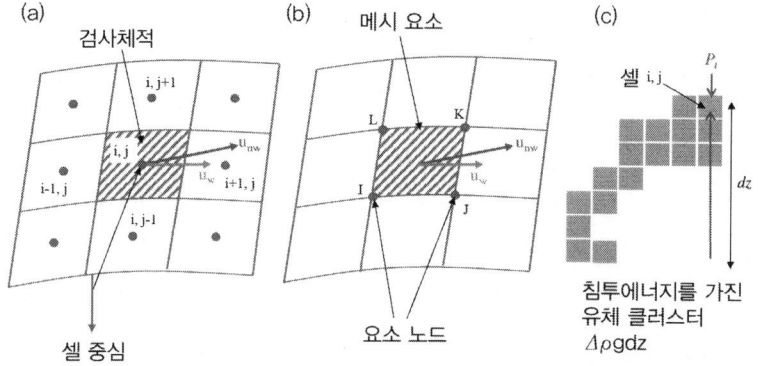

그림 2.30 CO_2 유동 시뮬레이션에 사용되는 모델의 구분; (a) 유한차분법, (b) 유한요소법, (c) 스며듦 침투법

법[53]이다.

IMPES법에서 압력은 이전 시간단계에서 양해법으로 계산된 포화도를 이용하여 음해법으로 계산한다. 유한차분법은 직교좌표계 축의 격자망이 필요하며 정규격자에서 크게 벗어나지 않아야 한다. 따라서 유한차분법을 이용한 유동모델링은 비교적 정규 격자망이거나 직교에 가까운 격자망이 필요하다. 가장 일반적인 격자 형식은 모서리점(Corner point)으로 명칭되며, 각 3차원 격자의 부피는 6개의 면과 8개 모서리점으로 구성된 직육면체의 형태이며 이를 연결하여 복잡한 지질구조를 표현할 수 있다.

그러나 유한차분법에는 여러 한계점들이 있어서, 비록 더 많은 계산량이 요구되기는 하지만 보다 유연하게 복잡한 구조를 구현할 수 있는 유

---

53 역주: IMPES법은 석유공학에서 저류층에서의 다상거동을 해석할 때 많이 쓰이는 수치해석법임. 서로 연관되어 있는 압력과 유체포화도를 동시에 구하기 위한 방법으로, 유체포화도는 그 시간단계에서의 압력을 이용하여 양해법(Explicit)으로 계산하고 그 다음 시간단계에서 압력은 현재 시간단계의 유체포화도를 사용하여 음해법(Implicit)으로 계산. 이를 시간의 진행에 따라 되풀이하는 방식임

한요소법의 활용이 필요할 수 있다. 유한요소법은 격자 기하의 측면에서 유연성이 높기 때문에 시간에 따른 다양한 격자변형이 가능하다. 즉, 삼각형 또는 사면체와 같은 비정규(또는 불규칙한) 격자를 사용하여 지구역학적 변형, 지구화학적 반응, 지열반응을 포함한 복잡한 유동을 분석할 수 있다.

유한요소법은 각 격자의 모서리점이 물성을 가지는 노드로 구성되는 격자망으로 정의되며(그림 2.30b), 시간에 따른 격자의 변형을 보다 정확하게 모사할 수 있다. CO_2 저장 모델링에서 유한요소법은 지구역학적 또는 지구화학적 특정 문제해결을 위해 적용하며 일반적인 유동시뮬레이션에는 자주 사용되지 않는다.

CO_2 저장 모델링의 마지막 접근법인 스며듦 침투법은 모세관 임계압력에 의해 제어되는 매질에서는 Darcy방정식을 사용하지 않고 스며듦 클러스터(Percolation cluster)를 이용하여 모세관력/중력 지배유동 시스템을 모사하는 것이다. Wilkinson과 Willemsen(1983)에서 소개된 스며듦 침투이론은 공극 규모의 다상유체 문제(예: Bakke and Øren, 1997; Blunt, 2001), 분지 규모의 석유 이동 모델링(Carruthers and Ringrose, 1998), CO_2 저장 모델링(Cavanagh and Ringrose, 2011; Cavanagh et al., 2015)에 사용되었다. 스며듦 침투법을 이용하여 수습윤성 다공성 매질에서 비혼합성 유체가 부력으로 이동하는 것을 모델링할 때, 비습윤 상의 클러스터가 이동할 수 있는 조건은 다음과 같다.

$$\Delta \rho g dz > P_t \tag{2.28}$$

여기서 $\Delta \rho$는 수직차원 dz방향의 클러스터에서의 유체밀도 차이다. P_t는 클러스터에 의해 침투가능한 가장 큰 공극의 임계모세관압이다.

만약 이 조건이 충족되지 않는다면 클러스터는 이동하지 않는다. 따라서 스며듦 침투법은 점성력은 무시할 수 있다는 가정 아래 중력/모세관력비(식 2.18) 또는 Bond 수(식 2.24)에 따라 유체 거동을 모사한다. Cavanagh와 Haszeldine(2014), Oldenburg 등(2016)은 스며듦 침투법으로 CO_2 저장의 조건을 평가할 때에는 기본적으로 매우 낮은 모세관수에서 유효하다고 판단하였는데, 이러한 조건은 주입정 근처의 압력구배의 영향을 받지 않는 원거리 영역에서 발생한다(그림 2.27). 스며듦 침투법은 중력 지배유동 조건에서 장기적인 CO_2 이동 경로 예측에 적합하다.

위에서 언급한 방법들은 모두 연속체로 구성된 투과성 매질[54]에서 적용된다. 그래서 저류층이 단층이나 균열을 포함할 때에는 모델의 변형이 필요하며 다음사항을 유의하여 모델링하여야 한다.

- 비교적 단순하고 연속적인 단층면은 유한차분법에서 격자 사이에 평면을 추가할 수 있다(하지만 복잡한 단층 네트워크를 표현하기에는 어려울 수 있다).
- 보다 복잡한 단층 또는 균열 시스템은 유연한 격자설계가 가능한 유한요소법을 이용할 수 있다.
- 많은 수의 균열을 가진 암석은 분리균열망(DFN; Discrete fracture network) 모델을 사용한다. 여기서 각각의 균열과 다른 균열과의 연결은 매질(일반적으로 불투수성 암반) 내에서 평면형태의 각 균열들이 서로 연결된 형태인 균열망으로 표현한다.

---

54 **역주**: 저류층을 유체투과가 가능한 다공성 매질의 격자로만 서로 연결하여 모델링할 수 있다(Continuous permeable media).

저류층 모델에서의 단층과 균열에 관한 내용은 Ringrose와 Bentley (2016; 6장)를 참고할 수 있다.

2.5.3 CO_2 저장 모델링 작업순서 사례

이 절에서는 실제 사례를 이용하여 CO_2 저장부지의 모델링 과정을 살펴보려 한다. 특정 저장부지는 각각 고유한 특성이 있고 그로 인해 모델에 요구되는 사항이 다양하기 때문에 일반적인 모델링 과정을 권장할 수는 없다. 그러나 저류층 모델링은 의사결정에 의해 주도되는 과정이어야 하므로 (Bentley, 2016; Bentley and Ringrose, 2017), 의사결정 단계에 따라 모델링 과정을 일부 일반화할 수 있다. 이 절에서는 In Salah CO_2 지중저장 실증 프로젝트의 구체적인 사례를 통해 CO_2 저장 프로젝트의 관리와 관련한 특정한 의사결정을 위해 다양한 모델이 어떻게 사용되었는지를 설명하고자 한다(표 2.4에 모델과 실제 이루어진 의사결정 사이의 연관성 요약). 알제리 중부의 In Salah CCS 프로젝트는 다수의 가스전을 개발하는 프로젝트

표 2.4 In Salah 사례연구에서 의사결정이 주도하는 모델링 작업 예시

언급되는 질문	수행 모델의 유형	모델의 결과	의사결정
어떤 단층과 균열이 CO_2 저장에 영향을 미치는가?	탄성파 자료를 기초로 응력장 분석을 이용한 구조 모델링	현재 응력장 모델에 일치하는 단층이 균열유동과 관련 있을 가능성	관측정으로 빠른 CO_2 돌파는 단층과 관련한 균열유동 때문이다.
균열이 KB-5에서 관측된 CO_2 조기 돌파에 어떻게 영향을 미치는가?	DFN모델에 의해 유체투과도를 수정한 저류층 유동 시뮬레이션	균열의 유체투과도는 암체보다 더 크고 응력에 민감하다.	주입계획과 유량을 수정한다.
균열이 저장체 내에서 유동에 어떤 영향을 미치는가?	전체 저류층에서 균열 (DFN) 모델링	균열과 암체에서 유체투과도 텐서의 예측 향상	관찰된 타원형 융기 패턴은 응력에 의해 제어되는 이방성 유동모델과 일치한다.

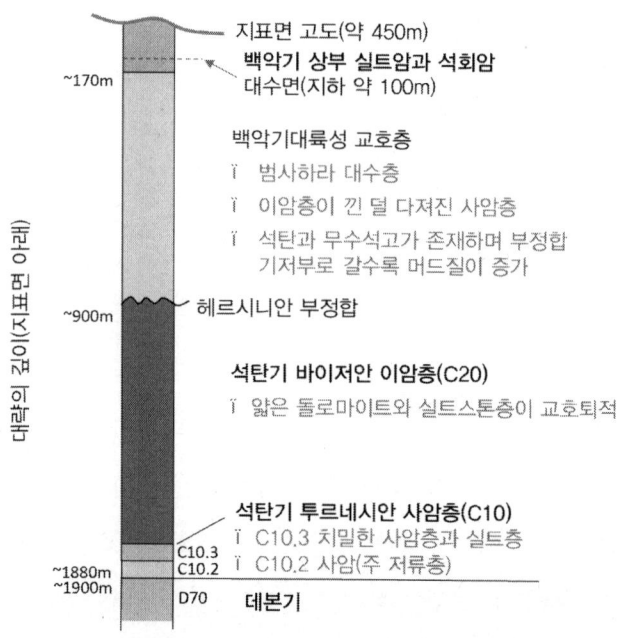

그림 2.31 알제리, Krechba에 위치한 In Salah CO_2 저장부지의 층서 요약: 두꺼운 이암층(C20 Viséan) 아래에 위치한 1.9km 심도의 석탄기 사암층(C10; Tournasian)에 CO_2를 주입함

인 In Salah Joint Venture의 일부로서 CO_2 포집 및 저장을 포함하고 있다. CO_2 저장을 위한 실증 프로젝트는 Krechba가스전에서 가스를 함유하고 있는 1.9km 심도의 석탄기 사암층(Carboniferous sandstone; 그림 2.31) 주변 대염수층에 포집한 CO_2를 주입하는 것이다. 이 프로젝트를 통해 2004년부터 2011년까지 총 3.8백만 톤(Mt)의 CO_2를 주입하였다(Ringrose et al., 2013).

모델링 작업을 논의하기 전에 이 저장부지의 지질학적 환경에 대해 이해하는 것은 필수적이다. Krechba의 석탄기 저장층은 후기 석탄기(약 3억 년 전)에 지각이 압축을 받으면서 형성된 완만한 배사구조이다. 북동-

남서 방향의 압축응력이 고생대 퇴적분지(Palaeozoic sedimentary basin; Ahnet 분지)를 다수의 습곡으로 변형시켰으며(그림 2.32), 압축이 지속되면서 습곡 중 일부가 주향이동 단층(Strike-slip fault)으로 변하였다. Krechba 구조는 상대적으로 단층 활동이 적었으며 두께 20m의 저장층(C10.2; 그림 2.31)은 단층에 의해 완전히 단절되지는 못하였다. 따라서 모든 단층은 미세하여 탄성파 해상도로 파악하기에 용이하지는 않다. Hercynian 부정합으로 대표되는 최대 2km의 융기를 동반한 침식 때문에 응력이완(Stress relaxation)과 절리가 형성되었다. 현재의 응력 체계는 북서-남동 방향의 최대 수평응력 방향인 주향이동이다. 다소 복잡할지라도 구조지질학적 내용을 이해하는 것은 필요하며 이는 (다음에 요약하는) 단층과 균열특성이 CO_2 주입 성능에 미치는 영향을 추론하기 위한 중요한 배경지식이 될 것이다.

'어떤 단층과 균열이 CO_2 저장에 영향을 미칠 수 있는가?'라는 질문을 다루기 위해 수행된 작업들(그림 2.32)에서 첫 번째 필수단계는 3D 탄성파 자료를 이용하여 단층을 매핑하는 것이다.[55] 이때 탄성파로 탐지하기 어려운 규모의 단층과 균열에 대한 정보는 영상 물리검층이 수행된 특정 시추공에서 취득하였다(예: 그림 2.32b). 두 번째 단계로 부지의 구조지질학적 연대에 대한 연구와 과거 및 현재의 응력장과 관찰된 단층 및 균열 사이의 관계를 이해하는 연구를 수행하였는데(Ringrose et al., 2009; Iding and Ringrose, 2010; Bond et al., 2013), 이 작업의 주요단계는 다음과 같다.

1. 이 분지에 영향을 미친 주요 구조지질학적 사건과 다양한 단층과

---

[55] Ringrose 등(2011)에서 상세한 작업순서를 요약하고 있다.

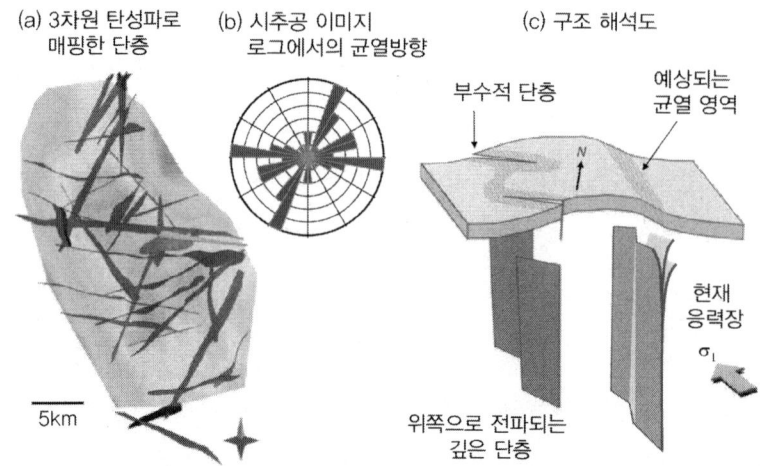

그림 2.32 In Salah 사례연구에서 구조모델링 작업과정: (a) 3D 탄성파 해석으로부터 단층면의 투영이 포함된 저류층 상부의 조감도; (b) 영상검층 분석에서 획득한 균열면 방향의 로즈 다이어그램; (c) 구조 해석과 개념의 주요 요소

균열군과의 관계를 식별하기 위한 작업(그림 2.32c에 요약): 중요한(지배적인) 단층과 균열군은 동–서 방향과 북동–남서 방향으로 정렬된 2개의 군집이 있고 Hercynian 조산운동 기간 동안 주향이동 지각운동에서 생성된 것으로 분석되었다(Coward and Ries, 2003). 가스전과 CO_2 저장소의 포획구조를 형성하는 완만한 배사구조는 압축성 지각운동(분지 역전; Basin inversion)에 의해 생성되었으며, 심부의 주향이동 단층의 영향을 받았다.

2. 현재의 응력장에 위치하고 있어 수리전도성이 있거나(Hydraulic conductive) 주입에 따라 활성화될 수 있는 단층과 균열을 규명하는 작업: 최대 수평압축 응력이 현재 북쪽 135°로 정렬되어 있으므로(그림 2.32c), 주향이동을 가정하면 주요 균열은 수직이며 σ_1에 평행(인장)하거나 σ_1에서 +30°의(전단 균열) 방향일 것으로 예상된다.

이 작업의 주요 특징으로는 크게 구조적 복원을 이용한 변형률 매핑과 단층과 균열의 파쇄현상을 이해하기 위해 수행한 순방향 지구역학 모델링을 들 수 있다. 변형률에 대한 두 가지 형태의 모델이 구성되었는데 ① 단층과 연관된 균열과 ② 습곡과 연관된 균열이다(Bond et al., 2013). 이 연구의 중요한 결과는 관측정(KB-5)에서 관찰된 초기 CO_2 돌파가 단층과 연관되어 응력에 따라 배열된 균열을 통해 발생하였다는 것이다.

다음으로 다룬 중요 질문은 '이렇게 배열된 주요 균열이 관찰한 동적 유동 거동(CO_2가 KB-5 관측정에서 돌파한 점)에 어떤 영향을 미치는가?'를 이해하는 것이었다. 이를 위해서는 관측된 압력과 유량의 이력을 일치시키는 히스토리매칭(History matching)[56] 작업을 수행하여 유동 시뮬레이션 모델을 보정할 수 있다. 유동 시뮬레이션을 위한 모델의 보정에 사용되는 유체투과도는 독립적으로 획득한 자료가 좋다. 균열자료를 상세하게 분석하고 고해상도의 균열망 모델을 구축(그림 2.33)함으로써, Iding과 Ringrose (2010)는 전체 저류층 격자규모에서의 균열 유체투과도를 추정하였다. 균열망에서 유효유체투과도는 약 300md(140~1,000md 범위)로 확인되었는데, 이는 매질의 유체투과도(1~10md)보다 두 자릿수를 더 포함하는 수치이다. 주입정인 KB-502의 동적자료를 이용한 히스토리매칭에서 Iding과 Ringrose(2010)는 균열로 인해 유체투과도가 높아진 유동통로의 효과를 설명하기 위해 1,000배의 유체투과도 배수를 적용하였다(그림 2.34).[57] Bissell 등(2011)과 Shi 등(2012)의 저류층 모델링 연구에서도 유사

---

[56] **역주:** 석유공학분야 용어로서, 불확실한 변수로 구성된 저류층모델을 보정하기 위해 동적인자의 측정값(압력, 온도, 다상 유체의 생산/주입량 등)과 시뮬레이션 결과가 일치하도록 정적인자를 역산하는 작업. 보정한 모델을 통해 향후 생산거동 예측의 정확도를 높일 수 있음

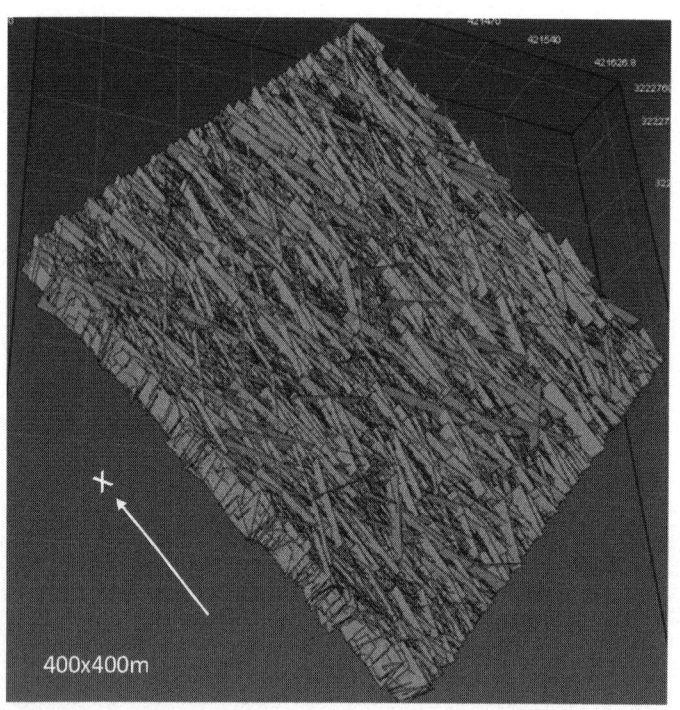

그림 2.33 하나의 거대규모 저류층 격자에서의 분리균열망 모델: 유정시험 자료를 통해 보정한 지질자료를 이용하여 균열 유체투과도의 범위를 추정하여 구축함(Iding and Ringrose, 2010에서 발췌; ⓒ Elsevier, 허가 후 인쇄)

한 결과를 확인할 수 있었으며, 균열의 유체투과도는 시간에 따라 변한다는 사실도 밝혀냈다. 즉, 균열이 존재하는 구역은 응력변화에 민감하다는 것이다. 이러한 결과를 바탕으로 주입정 KB-502를 일시적으로 폐쇄하거나 더 낮은 주입압력으로 운용하는 등 실제 주입계획에 대한 수정이 이루어졌다(Ringrose et al., 2013).

이 사례 연구에서 다루고 있는 세 번째 질문은 CO_2 주입에 대한 암석

---

57 **역주:** 균열의 유체투과도로 매질(Matrix) 유체투과도의 약 1,000배를 적용하였음을 뜻함

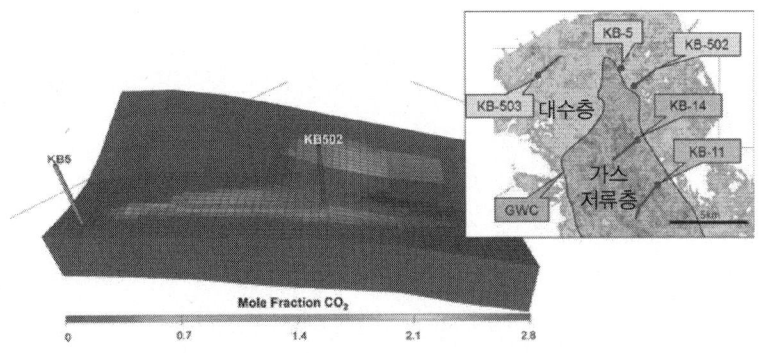

그림 2.34 주입정 KB-502 주변의 CO_2 분포를 보여주는 저류층 시뮬레이션 예: 균열로 인해 유체투과도가 향상되어 관측정 KB-5에서 예상보다 빠른 CO_2의 돌파가 관측됨. 시뮬레이션은 주입 시작 약 2년 후로서 KB-5에서의 돌파 직전의 CO_2 분포를 보여줌. 내부 삽화에는 주입정과 관측정의 위치와 축척을 표시함(p.xx 컬러 그림 참조)

시스템의 반응을 이해하는 것이다(표 2.4). Bond 등(2013)은 주입정 인근의 균열유동 연구에서 얻은 지식을 통해 전체 석탄기 Tournasian 사암층(그림 2.31 참고)의 유동모델을 구축하였다. 여기서 응력-민감모델(Stress-sensitive model; 균열이 팽창하는 경향을 보여줌)을 이용하여 수평 유체투과도의 비가 2/3배인 이방성유체투과도 텐서[58]를 추정하였다. 이 저장부지의 간섭계 합성개구레이더(InSAR; Interferometric Synthetic Aperture Radar)[59] 데이터 분석을 통해 파악한 융기패턴(Mathieson et al., 2010; Vasco et al., 2010)은 이방성유체투과도 텐서와 잘 일치하는 결과를 보였다(그림 2.35).

---

58 **역주:** 지하에 존재하는 암석의 유체투과도는 암체에 비해 균열에 의한 영향이 훨씬 크다. 균열의 생성방향과 다른 균열들과 연결 양상에 따라 유체유동의 방향이 결정되는데 유체투과도 텐서로서 이러한 이방성을 설명할 수 있다. 특히 균열은 암석에 비해 응력에 의한 팽창의 민감도가 더 크기 때문에 수평유체투과도 텐서의 계산 시에는 응력을 고려하여야 한다.

59 **역주:** 긴 인공 안테나를 시뮬레이션하여 고해상도 영상을 생성하는 레이더 기술로 생성된 영상들을 비교하여 표면의 변화를 측정하는 기술. Interferometric Synthetic Aperture Radar를 본문에서는 Interferometric Satellite Airborne Radar로 잘못 표기하고 있음

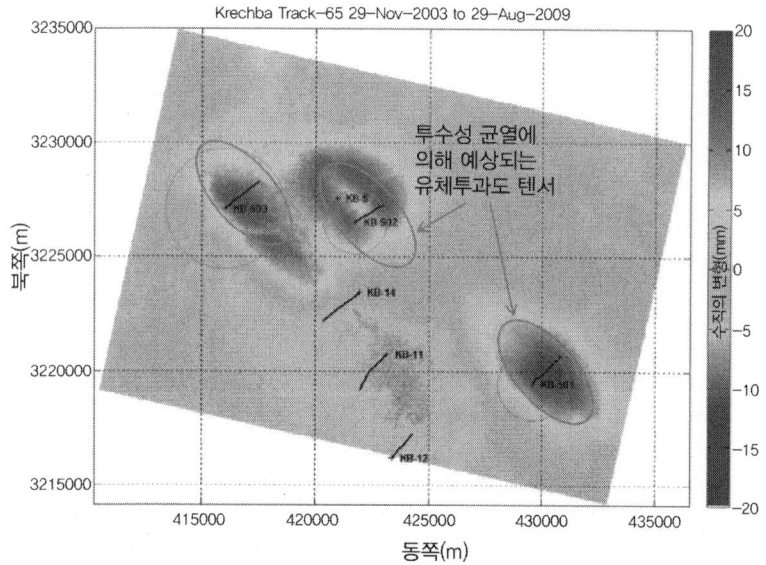

그림 2.35 Bond 등(2013)의 균열모델링으로부터 추정한 유체투과도 텐서와 Krechba의 지표면 수직변형(2009년 8월)의 비교. 위성 영상은 MDA/Pinnacle Technologies에서 InSAR 데이터를 처리하여 생성(Mathieson 등(2010)을 다시 그린 것); 수평 CO_2 주입정은 KB-501, KB-502 및 KB-503이고, 수평 가스생산정은 KB-11, KB-12 및 KB-14임. 회색 원은 각 주입정의 상대적인 CO_2 주입질량을 나타내며, 3개의 주입정을 통해 이 시기까지 주입된 총 3백만 톤(Mt)에 맞춰 크기를 구성함(p.xxi 컬러 그림 참조)

이는 Vasco 등(2008)이 제안한 '융기패턴이 주입지층의 유체투과도에 의해 영향받는 지하의 압력장과 일치한다'는 가설이 타당함을 확인한 것이다. 주입정 KB-501에서 관측결과는 모델링의 결과와 매우 잘 일치[60]했던 반면, KB-502정과 KB-503정의 경우에는 특정 단층이 실제 압력장에 미친 영향으로 인해 대략적인 정도로만 비슷하였다. 이와 같이 균열과 단층의 지구역학적 반응과 시간에 따른 유동특성은 매우 폭넓게 연구되어 왔다(예: Shi et al., 2012; Rinaldi and Rutqvist, 2013; White et al., 2014).

---

60 압력장이 주로 균열에 의해 제어됨을 의미함

2.5.4 수치모델링 사례: Sleipner 프로젝트

1996년부터 심해 대염수층에 CO_2를 주입하기 시작하여 장기간 운영된 Sleipner CCS 프로젝트는 CO_2 지중저장의 유동역학적 특징을 이해할 수 있는 중요한 사례이다. Sleipner는 노르웨이 해상에 위치하고 있으며 세계 최초로 해양 플랫폼 기반 CO_2 아민 포집 설비를 사용하였다(Torp and Gale, 2004; Hansen et al., 2005). 해수면 아래 800~1,000m 심도(수심은 82m)의 Utsira 층에 CO_2를 지중저장하였고, 이 지층의 층후는 200~300m에 달하는 사암층과 몇 개의 얇은 셰일층으로 구성되어 있다. 지층수는 염수(염도는 해수와 유사)이고 사암의 공극률은 38%, 유체투과도는 1~8Darcy로 높은 값이다. Utsira 층의 상부에는 셰일로 구성된 두꺼운 덮개암(이 덮개암의 상부에는 약간의 실트질 구간이 포함되어 있음)이 있다. 생산정 케이싱의 외부 부식방지를 위해 CO_2를 기존의 생산정 및 플랫폼으로부터 충분히 멀리(2.4km) 주입하여야 하며 이를 위해 얕은 심도에서 높은 편향도의 원거리 경사정(Long-reach highly deviated well)을 뚫었다(Baklid et al., 1996).

주입부지의 모니터링 프로그램은 시간경과 탄성파탐사를 중심으로 계획되었다(Chadwick et al., 2010; Eiken et al., 2011; Furre et al., 2017). 이를 통해 이해관계자들(정부기관, 저장소 운영권자, 일반 대중 등)에게 안전하고 효과적인 지중저장을 수행하고 있다는 확신을 줄 수 있었을 뿐만 아니라, 취득된 CO_2 플룸의 영상화를 통해 유동모델을 보정하여 유동 메커니즘을 더욱 잘 이해할 수 있었다(그림 2.36).

CO_2 플룸의 수평방향 범위는 몇 가지 중요한 제약조건에서 시간경과 탄성파 영상화를 활용하여 추정할 수 있었다. P파 속도가 원위치 염수와

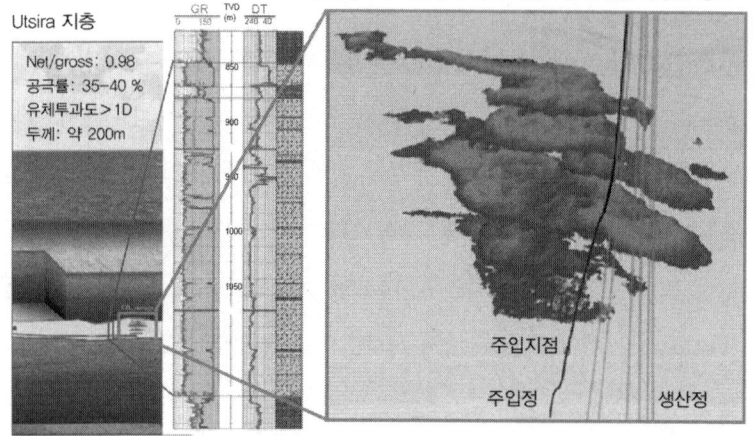

그림 2.36 Sleipner 주입부지에 있는 Utsira 사암층의 특성요약. 물리검층(GR; 감마선검층; DT: 음파검층)과 3D로 재구성한 시간경과 탄성파 영상화 자료로부터 추출한 다층 CO_2 플룸의 분포(2010년도). Kiær 등(2016)의 내삽법을 이용함(Equinor사 소유의 이미지)(p.xxii 컬러 그림 참조)

주입된 CO_2에서 차이가 크기 때문에 보다 명확한 시간경과 탄성파 결과를 도출할 수 있었지만(그림 2.24), 탄성파 진폭 차이에 기초하여 CO_2를 감지하는 데에는 한계가 있었다. 최적의 조건에서는(예: 최상부 9번층일 경우) CO_2 층의 두께를 미터 규모까지 관찰할 수 있지만, 비탄성 감쇠(Inelastic attenuation)와 (상부 CO_2 층에서 발생하는) 전달손실(Transmission loss)로 인하여 심도가 깊어질수록 신호가 저하되었기 때문이다(Furre et al., 2015; Boait et al., 2012). 이와 같은 제약에도 불구하고 Sleipner에서는 우수한 다층 CO_2 플룸 영상화 작업과 매핑 작업이 가능하였다.

Sleipner의 CO_2 플룸 모델링에 관해서는 다방면에서 연구가 진행되었는데(Zweigel et al., 2004; Bickle et al., 2007; Chadwick and Noy, 2010; Singh et al., 2010; Cavanagh, 2013; Williams and Chadwick, 2017), 이 책은

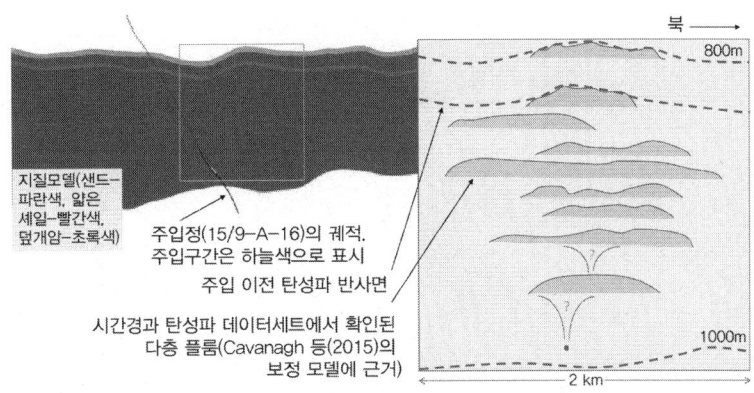

그림 2.37 Sleipner에서 다층 CO_2 플룸 모델링에 사용가능한 정보의 요약. 시간경과 탄성파 자료에 의해 CO_2로 채워진 9개의 층만 분명히 드러나며, 층들 간 기하학적 형태와 연결지점은 불확실함(p.xxi 컬러 그림 참조)

다양한 접근법을 상세히 비교하는 것이 아니라 이들 연구로부터 얻어진 유동역학적 지식을 설명하는 데 그 목적이 있다. 동적모델을 구성하는 데 사용할 수 있는 지질 및 탄성파 자료들(그림 2.37)에서 중요한 점은 주입 이전의 탄성파 자료에서는 Utsira 사암층의 상부와 하부, 그 위에 위치한 쐐기 형태의 사암층 상부만을 확인할 수 있었다는 것이다. 사암층 내 다수 얇은 셰일층의 부존은 주입정 자료(감마검층; 그림 2.36)에서 확인할 수 있었으나, 이 셰일층이 CO_2의 수직적 이동에 미치는 영향은 주입시작 전까지는 알 수 없었다. 시간경과 탄성파탐사 자료를 반복적으로 수집하고 해석하면서, 또 이 결과들을 수치모델과 일치시키는 과정을 반복함으로써 플룸의 다층 분포 특성을 뚜렷하게 확인할 수 있었다(그림 2.37).

최상부 9번층의 CO_2 플룸의 평면적 분포에 대해 저류층 모델의 결과를 고품질 탄성파 영상화 결과와 잘 일치시키기 위한 많은 연구가 수행되었다. Singh 등(2010)은 모델링의 기본틀이 되는 암석 및 유체 물성의 추정

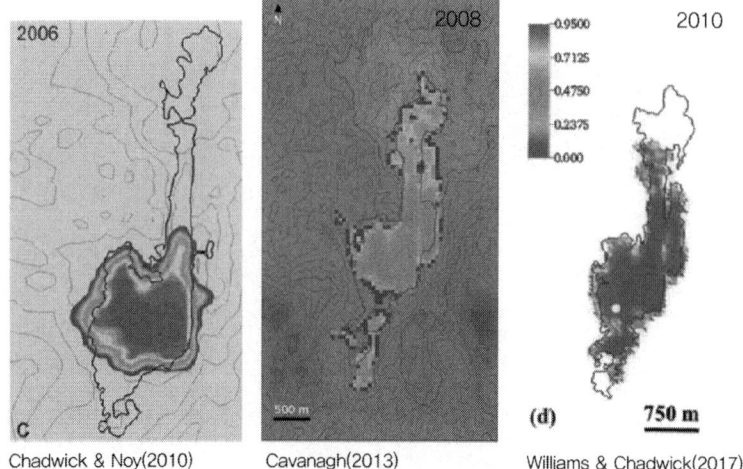

그림 2.38 탄성파 탐지를 통해 가장 신뢰도 높은 9번층 상부지층에서 관측된 플룸(검은색 및 빨간색 외곽선)의 매칭을 목적으로 수행한 동적 시뮬레이션의 예. 각각의 사례는 서로 다른 가정(참고문헌 참조) 아래에서 다상 유한차분 모델을 이용하였음. 각각의 이미지의 맨 윗 부분에는 모델의 동적자료 매칭을 위한 탄성파자료 취득 날짜를 표시함(Geological Society of London(왼쪽), Elsevier(중앙과 오른쪽)의 허가 후 이미지 사용)(p.xxii 컬러 그림 참조)

값(또는 범위)을 포함한 참조 데이터세트를 제시하였으며, 최근에는 더욱 확장된 개념으로 업데이트 된 참조모델도 공개되었다(Andersen et al., 2018). 9번층에서 플룸의 동적 시뮬레이션 예들을 보면(그림 2.38), 초기 모델(예: Chadwick and Noy, 2010)에서는 원형에 가까운 플룸 형태로 예측하였으나, 후속 연구에서는 중력효과를 반영하고(Cavanagh, 2013) 지질구조의 특징을 반영하여 암석물성을 수정함으로써(Williams and Chadwick, 2017) 수평방향으로 연장된 형태의 플룸으로 파악하였다. 9번층에서 CO_2 분포는 상부 구조의 형태와 일치하는 형태로 관찰되며[61] 탄성파 자료에서 나타나는 것처럼 남북방향 채널 형태로 펼쳐져 있다.

---

61 유체의 유동이 부력 지배적임을 나타내는 증거임

그림 2.39 Sleipner의 다층 CO_2 플룸의 다상 유동시뮬레이션 모델의 예: 주입한 CO_2를 다량 함유한 스트림의 30년 예측결과를 보여줌. 3D 모델링 격자는 주입지점에서 플룸의 중심을 가로지르는 방향으로 보여지고 있으며, 각 층에서는 플룸의 수평적 유동범위를 보여줌. CO_2 농도의 단위는 kg-mole/Rm³. z축 방향으로 7배로 확대함(Nazarian 등(2013)에서 발췌함; ⓒ Elsevier, 허가 후 인쇄)(p.xxiii 컬러 그림 참조)

다층 플룸을 모델링하는 것은 지질학적 불확실성(얇은 셰일층으로 인한 유동경로 위치)과 유체의 불확실성(원위치 온도가 제대로 측정되지 않음)으로 인해 더욱 어려운 과제이다. Sleipner에서의 3D 플룸 모델의 예를 보면(그림 2.39), 유한차분법을 이용한 모델은 탄성파를 통해 관찰한 여러 개의 얇은 CO_2 층이 수직적으로 쌓여 있는 현상을 잘 시뮬레이션 할 수 있음을 확인할 수 있다. Sleipner 사례에 잘 적용되는 또 다른 모델링 방법은 스며듦 침투법이다. 이 접근법은 점성력을 무시하고 부력에 의해 비슷

운상이 이동할 때 모세관 임계압력장에 따라 포획된다고 가정한 방법이다.

Cavanagh와 Haszeldine(2014)의 연구결과(그림 2.40)는 2002년 관측값과 전체적으로 일치하였으나, 이를 위해서는 스며듦 침투 모델링에서 셰일 장벽에 대해 매우 낮은 임계압력이 적용되어야 한다는 점을 발견하였다. 또한 최근 Furre 등(2019)은 CO_2가 채워진 층간의 유동을 결정하는 여러 개의 수직연결 통로의 중요성을 보여주었다. 이와 같은 새로운 통찰들은 확실히 Sleipner에서 수치모델과 현장결과가 보다 잘 일치할 수 있도

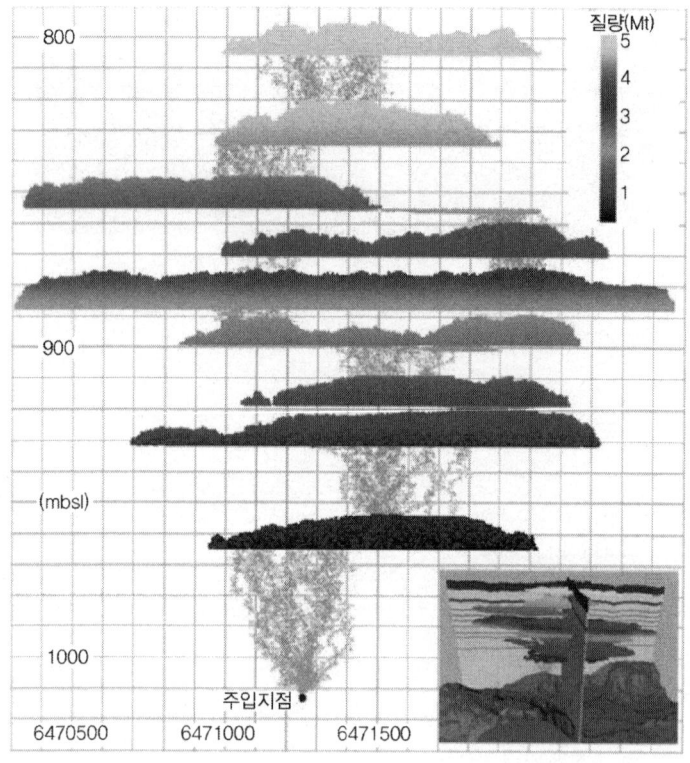

그림 2.40 Sleipner 저장 부지에서 스며듦 침투 모델링의 예(Cavanagh and Haszeldine, 2014). 2002년 7월까지 5백만 톤(Mt)의 CO_2가 주입된 상태임. 연한 파란색 선은 CO_2의 이동경로이며, 색상은 채워지는 순서와 질량을 표시함(p.xxiv 컬러 그림 참조)

록 기여할 것이다. 그럼에도 불구하고 시간경과 탄성파 관측자료에 맞춰 보정된 동적 유동시뮬레이션 모델들을 구축했던 경험 자체는, 일반적으로 중력이 유동에 지배적인 역할을 한다는 것을 밝혀낸 사례와 같이 CO_2 저장의 유동 역학적 특징에 대한 이해를 크게 향상시켰다. 이 Sleipner 사례에 대한 연구는 미래의 특정 저장소에서 지중저장 모델링을 수행하기 위한 기초자료로 활용할 수 있을 것이다. 특히 Sleipner 사례에서 보정한 유동모델은 다른 저장소에서의 예측과정에서 합리적인 근거가 될 수 있다.

일반적으로, 다른 지역으로 유동이 가능한 자유상 CO_2와 염수에 용해된 CO_2를 구분하기는 매우 어렵다. 대부분의 자유상 CO_2는 이동이 가능하지만, 얇은 셰일층 하부에 구조적으로 포획될 것으로 예상된다. 아주 일부는 이동하면서 잔류포획될 수도 있으나 Sleipner 사례에서 직접적으로 관측된 바는 없다. 시간에 따른 밀도변화를 보여주는 시간경과 중력자료와 함께 형태와 부피를 추정할 수 있는 시간경과 탄성파자료를 통합적으로 분석하여, Alnes 등(2011)은 Sleipner에서 CO_2가 염수에 용해되는 비율이 연간 1.8% 미만임을 밝혔다. 단, 밀도가 높은 염수는 중력자료에서 직접 감지할 수 없기 때문에 이 상한값보다 훨씬 낮을 것이다. 실험 및 모델링 연구도 용해현상이 반드시 발생한다는 주장의 근거로 사용되는데, Cavanagh 등(2015)은 최근 예측한 9번층의 모델을 통해 Sleipner에서 20년 주입 후 약 10%의 용해가 발생할 것으로 예상하였다. 2010년 기준 Sleipner 사례의 CO_2 저장 결과와 관련한 수치지표를 요약해 보면(표 2.5), 비록 불확실한 추정값이지만 Sleipner에서 자유상과 용해상 CO_2 간의 비율에 관한 개괄적인 모습을 파악할 수 있다.

표 2.5 2010년 기준 Sleipner의 CO_2 지중저장 결과

CO_2 저장지표 (2010년도 탄성파 탐사)	질량(Mt)	차지한 공극부피 비율(ϵ)
총주입량	12.18	0.048
자유상	11±0.5	0.044
용해상	1.2±0.5	0.004

2.6 주입성 계산

2.6.1 주입성의 개념과 계산방법

CO_2 지중저장 프로젝트에서 저장용량에 대한 기댓값을 합리적으로 추정한 이후에는 주입정 및 수송 인프라의 설계와 관리에 대해 다음과 같은 사항을 고려하여야 한다(그림 2.41은 압력관리 차원에서 수송 및 저장시스템의 공학적 특징을 보여준다).

- CO_2의 공급: 주입유량, 압력, 온도
- 저류층 심도, 수심
- 주입정 설계
- 부지 특징(플룸의 거동)
- 저류층 물성
- 상부 지층과 차폐 특성
- 주변 대수층의 영향

주입정에서 고려해야 할 2개의 압력은 정두압력(Well head pressure;

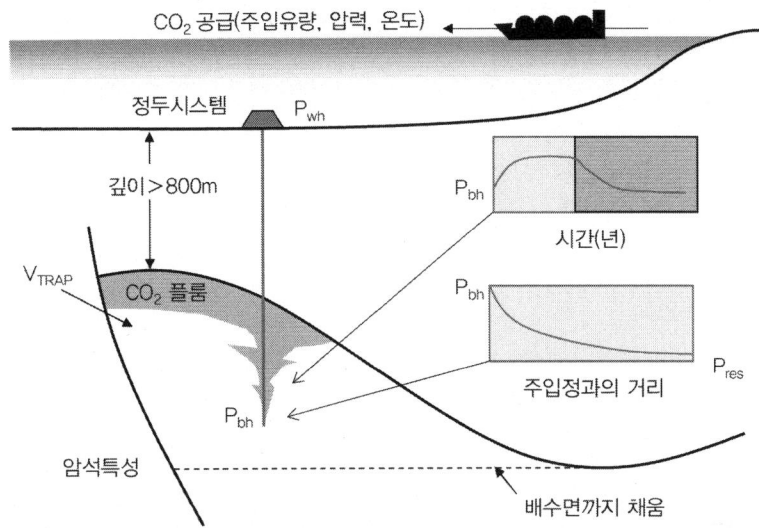

그림 2.41 해양 환경에서 주입 압력관리 측면의 고려사항 요약

P_{wh})과 공저압력(Bottom hole pressure; P_{bh})이다. 또한 2개의 압력구배(주입정에서 지층으로의 압력구배, 주입정 내에서의 압력구배) 역시 고려하여야 한다(그림 2.41). 정적 조건에서 공저압력(P_{bh})은 정두압력(P_{wh})으로부터 다음과 같이 간단히 계산할 수 있다.

$$P_{bh} = P_{wh} + \rho_{CO_2} g \Delta h \tag{2.29}$$

그러나 동적 상태에서는 유량에 따라 압력이 변화하므로 CO_2의 상거동 지식을 반영한 더 발전된 방법이 필요하다. 이 책에서는 CO_2 주입정의 주입성을 이해하는 데 초점을 맞출 것이다. 이는 주입성이 저장용량 및 저장성과 함께 부지평가의 주요 질문 중 하나이기 때문이다. CO_2 주입정에서 예상 주입성은 다음의 세 가지 주요 요소와 연관된다.

- 주입정 설계
- 주입정의 배치 전략(주입구간 각도와 완결길이를 포함)
- 저류층 물성(특히, 유체투과도)

가장 간단한 형태인 물 주입정에서의 주입성지수(Injectivity index; Π)는 식 2.30과 같다.

$$\Pi = \frac{q}{(p_{fbhp} - p_{res})} \qquad (2.30)$$

q는 유량, p_{fbhp}는 주입정 공저유동압력,[62] p_{res}는 저류층 압력이다. 이 식은 주입유체가 비압축성일 때를 가정한다. 만약 가스 주입정이라면, 가스의 주입성지수(Π_g)는 압력의 제곱 형태로 표현될 수 있으며 저압의 가스 주입에서 유효하게 이용할 수 있다(Lee and Wattenbarger, 1996).

$$\Pi_g = \frac{q}{(p_{fbhp}^2 - p_{res}^2)} \qquad (2.31)$$

만약 저류층 물성을 알고 있다면, 주입유량 q는 원심유동(Radial flow)에 대한 Darcy 방정식(수직정을 가정)으로 표현할 수 있다(식 2.32).[63]

---

62 역주: 저류층과 시추정 사이에서 유체유동이 있을 때, 시추공 최하단부의 압력을 뜻한다. 생산정, 주입정 모두 적용되는 개념이다. 따라서 주입성은 단위 압력구배에 의해 지층에 주입할 수 있는 유량을 의미한다.
63 역주: 정상상태 유동(Steady state) 조건에서 q가 시간에 따라 변화하지 않는 상수일 때, 원심유동을 가정한 Darcy 방정식이다. 식 2.32는 석유생산공학, 저류공학에서 잘 알려

$$q = \frac{2\pi k_{res} h_i (p_{res} - p_{fbhp})}{\mu \ln(r_e/r_w)} \tag{2.32}$$

여기서 k_{res}는 저류층의 유체투과도, h_i은 주입정의 주입구간[64] 길이(완결구간), μ는 유체 점성도, r_e는 유효 주입반경,[65] r_w는 주입정의 반지름(내경의 절반)이다. Golan과 Whitson(1991)은 유량이 큰 경우 이 방정식을 다음과 같이 변형하여 가스 생산정에 적용할 수 있다고 하였다.

$$q_g = \frac{1.406\, k_{res} h_i (p/\mu_g Z)(p_{res} - p_{wi})}{T[\ln(r_e/r_w) - 0.75 + s + Dq_g]} \tag{2.33}$$

여기서 $p/\mu_g Z$는 선형을 가정한 압력심도 함수, T는 온도, s는 표피인자(Skin factor), Dq_g는 유량에 영향받는 표피인자값이다. 식 2.33에서 표피인자를 무시하면, 높은 유량을 가정한 CO_2 주입정의 주입성지수(Π_{CO_2})를 다음과 같이 단순화할 수 있다.

$$\Pi_{CO_2} = \frac{q_g}{(p_{wi} - p_{res})} = \frac{1.406\, k_{res} h_i (p/\mu_g Z)}{T[\ln(r_e/r_w) - 0.75]} \tag{2.34}$$

진 수식으로 이 책에서 동일하게 서술하고 있으나, 유체주입의 문제에서는 q를 양수로 만들기 위해 분자의 압력차 $(p_{res} - p_{fbhp})$ 항은 반대 $(p_{fbhp} - p_{res})$로 구성되어야 한다.

64 **역주**: 물리검층 결과에 따라 주입을 목표로 하는 주입구간을 정한다. 해당구간에는 주입정 완결(Well completion)을 통해 효과적인 주입이 이루어질 수 있도록 한다.

65 **역주**: 유체 주입으로 영향을 받는 영역을 반지름으로 표현. 주입 유체에 따라 압력의 변화가 발생하는 영역까지가 원형으로 표현되므로 그 면적의 반지름을 의미한다.

주입 유량이 작다[66]면 식 2.31이 보다 적합할 수 있으며, 좀 더 복잡한 경우에는 의사압력함수(Pseudo pressure function)를 이용하는 것이 보다 더 보편적이다(Al-Hussainy et al., 1966). 실제 현장에서 q_{CO_2}와 Π_{CO_2}의 계산은 많은 인자로 인해 복잡하다.[67] 결과적으로 CO_2 지중저장 선별 연구에서 주입성에 관해서는 다소 단순하고 때로는 과도하게 낙관적인 모델을 사용하는 경향이 있다.

2.6.2 사례를 통해 알아보는 주입성 도전과제

주입성 문제를 설명하기 위해 Sleipner 프로젝트의 초기 CO_2 주입자료를 사용하였다(그림 2.42). 전반적으로 매우 성공적인 실증 프로젝트로 평가할 수 있음에도 불구하고, 프로젝트의 초기 단계에서는 주입 안정성과 관련된 몇 가지 기술적 문제가 있었다(Hansen et al., 2005; Ringrose et al., 2017). 1996년 9월 주입을 시작했을 때 지층의 암석입자가 주입정으로 유입[68]됨에 따라 계획상의 주입설계[69]로는 목표 주입량에 도달하지 못하였다. 1996년 12월에 샌드스크린(Sand screen)[70]을 설치함으로써 주입량이

---

66 **역주**: 주입유량이 작다는 것은 유속이 낮다는 의미와 동일하다. Flow rate의 유량으로 표현하였으나 단위면적으로 한정한다면 유량과 유속은 동일한 개념으로 사용될 수 있다.
67 공내에서의 CO_2 밀도변화, 다상거동 효과, 공저인근 지층의 손상, 지층의 불균질성 등
68 **역주**: 모래생산(Sand production)으로 표현되며, 암석입자가 공내로 유입되어 유체유동을 방해하는 현상이다. 일반적으로 저류층이 사암이므로 사암입자인 모래가 유입되는 것을 의미하며 이를 방지하는 방법론을 모래생산 제어(Sand control)로 통칭한다.
69 심도 1,014m의 수평정에서 100m의 천공구간 이용
70 **역주**: 모래입자가 생산정 내로 유입되는 것을 막기위해서 설치하는 스크린으로 번역과정에서 원어의 의미를 유지하고자 '샌드스크린'으로 표기하였다.

일부 개선되었지만, 주입성은 1997년 9월 주입구간의 재천공과 수평구간의 그래벌패킹(Gravel packing)[71] 및 샌드스크린 설치 이후에야 크게 개선되었다. 이와 같은 주입정의 유지보수 작업 이후, 목표한 1.4~1.6Msm^3/day 또는 2,600~3,000톤/일의 안정적인 주입량을 달성할 수 있었다(그림 2.42).

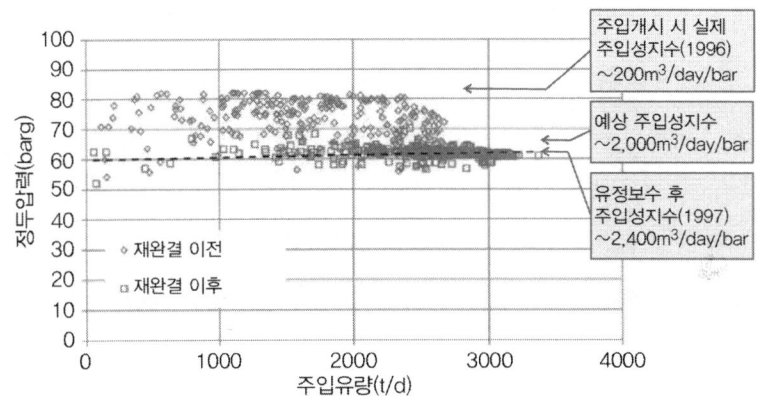

그림 2.42 Sleipner 주입 자료(1996~1999)

또한 주입정 유지보수 작업 이전에 높은 주입정 정두압력(약 80bar)이 요구되었으나, 작업 후에는 62~65bar로 감소하였다. 주입성의 측면에서는 주입 전의 예상 주입성지수는 약 2,000m^3/day/bar(식 2.34 사용)였으나, 실제 주입성지수는 초기에는 약 200m^3/day/bar까지 낮아졌고, 주입정 재천공 작업 후에 약 2,000~2,400m^3/day/bar 수준으로 회복되었다. 초기 Sleipner의 주입정은 설계한 주입성 이하로 CO$_2$를 주입하였으나 이런 주

---

71 역주: 여과력(濾過礫)으로 표현되기도 하지만 원문의 의미전달을 위해 영문을 한글로 표기하였다. 특정한 크기의 자갈을 공저에 쌓아서 지층 암석입자의 유출입은 막고 유체만이 이동할 수 있는 통로를 제공하는 역할이다.

입성 문제가 초기 6개월 동안에만 발생하였다는 사실은 주목할 만하다.[72]

Sleipner에서 초기에 발생한 주입성 문제는 일반적으로 공저인근의 주입저항과 관련된 문제로 흔히 표피효과로 알려져 있다. 이는 지층손상으로 유체투과도가 감소하는 경우를 의미한다. 공벽 주변 지층손상의 일반적인 원인은 지층 내로의 이수 침투, 미고결 사암층의 일부구간 붕괴, 공극 내로 미세입자 이동 등이 있다. 지층을 뚫는 과정에서 이와 같은 부정적인 영향을 최소화하고자 노력하지만 언제나 가능한 것은 아니다. 공벽 주변의 지층손상을 최소화하거나 완화하기 위해 유정완결 기술(천공,[73] 라이너 설치 등)을 이용한다.

이러한 효과들이 주입 시 압력구배에 미치는 영향을 분석하기 위해 지층손상에 따른 유체 유동의 저항(그림 2.43)을 의미하는 ΔP_{skin}를 이용하여 식 2.30을 다음과 같이 정리할 수 있다.

$$\Pi = q / (P_{wf} - P_{res} - \Delta P_{skin}) \qquad (2.35)$$

이에 따라 손상효과가 없는 경우에 예상되는 압력감소(그림 2.43의 실선)에 대해 공저 인근 지층손상에 따른 추가적인 압력강하(그림 2.43의 점선)를 비교할 수 있다. 주입정 근처 영역에서 실제로 어떤 일이 발생하는

---

[72] **역주**: Sleipner 실증 프로젝트에서 초기 CO_2 주입과정에서 목표로 한 주입량은 암석입자 유입으로 불가능하였으나, 유지보수작업을 통해 주입성을 회복하였다는 점을 강조하고 있다. CO_2를 주입하는 초기단계에 경험할 수 있는 낮은 주입성 문제를 유정보수 작업을 통해 해결한 내용이나.

[73] **역주**: 시추정에서 케이싱, 시멘트층, 시추공 인근 지층을 뚫어 저류층과 시추공내를 연결하는 작업을 말한다(Perforation).

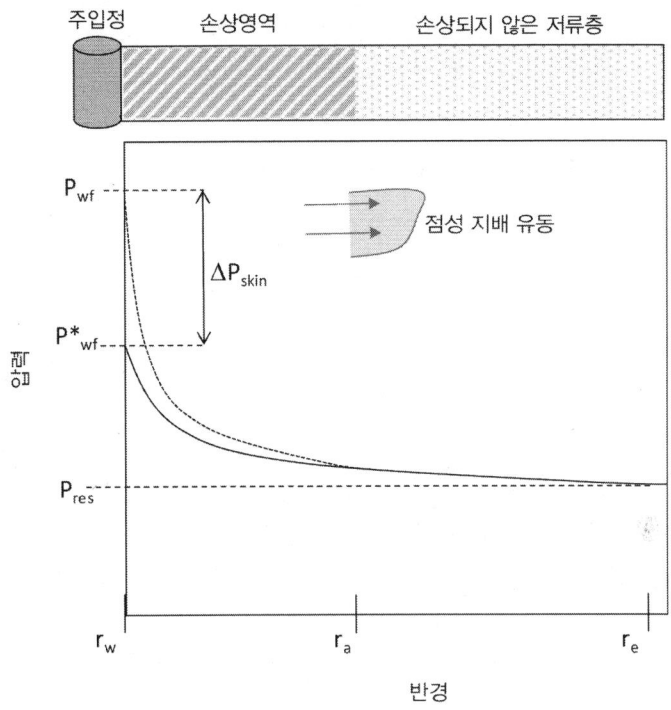

그림 2.43 주입정 주변의 압력구배: 공저인근 손상영역의 영향을 묘사(r_w: 주입정의 반경, r_e: 유효반경, r_a: 지층손상이 발생한 반경)

지를 파악하는 것은 매우 어렵지만 최소한 개념적으로 이해할 필요는 있다. 일반적으로 실제 공저유동압력(P_{wf})은 이론적인 값(P_{wf}^*)보다 크다 (초기단계의 Sleipner에서 경험한 것처럼). 반대로 공저인근에서 균열을 인위적으로 발생시킨다면 유동의 저항을 감소시켜 '음의 표피인자 (Negative skin)'도 가능하다.[74]

---

[74] **역주**: 음의 표피인자는 이론적인 P_{wf}^*보다 더 낮은 값의 P_{wf}를 보임을 의미하며, 더 낮은 공저압력으로 동일한 양을 주입할 수 있음을 뜻한다. 반대로 지층 유체의 생산 측면에서는 이론적인 공저압력을 유지하더라도 더 많은 양의 유체를 생산할 수 있다

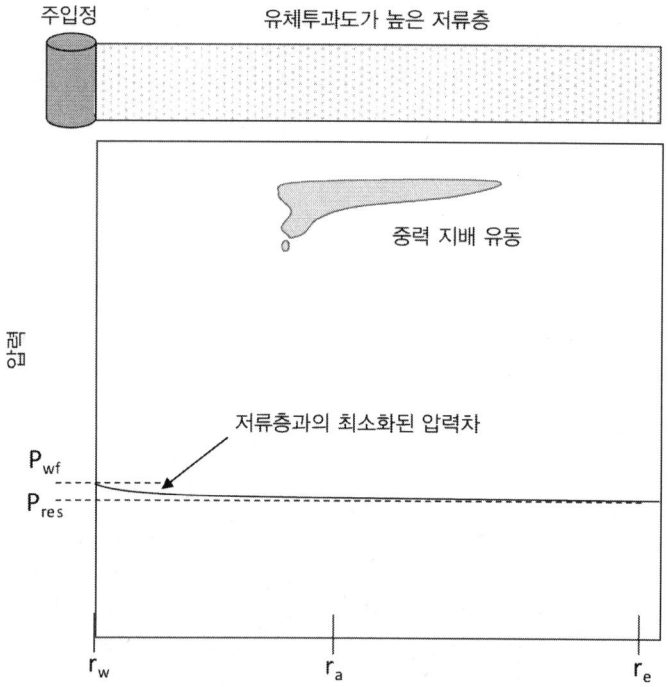

그림 2.44 공벽 주변 지층손상 효과가 크지 않은 높은 유체투과도를 가진 저류층에서 주입정 주변의 압력구배 효과 모식도

    Sleipner에서 공저인근의 유동저항 문제를 그래벌패킹과 샌드스크린을 사용하여 해결한 이후에는 매우 높은 유체투과도(>1Darcy)로 인해 큰 저항 없이 주입이 이루어졌다. 실제로 주입정에서 공저압력과 지층압력 사이의 압력차이는 2bar 미만으로 추정되었으며(Eiken et al., 2011), 주입성 한도 내에서의 계획된 유량으로 잘 주입할 수 있었다(이 경우 압력프로파일은 그림 2.44와 유사). 이와 같은 공저인근의 효과는 저류층 내부의

는 의미이다. 양의 표피인자가 일반적이지만 0 또는 음의 표피인자를 갖게 하는 유정자극기술도 석유공학 현장에서는 활용되고 있다.

CO_2 분포에도 영향을 미칠 수 있다(그림 2.43 및 2.44의 삽화 참조). 지층에서의 높은 유동저항과 그에 따른 높은 압력구배는 점성 지배유동 체계를 초래하는 반면, 주입정 인근에서 매우 작은 압력구배는 공저 근처에서도 중력효과가 지배적으로 발생함을 의미한다.

CO_2 주입성 감소에 상당한 영향을 주는 또 다른 중요한 현상은 염침전(Salt precipitation) 효과이다. 염침전은 주입된 CO_2의 유동경로 경계에서 염수의 증발로 발생될 수 있으며, 특히 CO_2 유동의 수분함량이 낮은 경우(즉, 매우 건조한 상태인 CO_2)에 두드러진다. 염결정은 공극을 부분적으로 막아서 주입성 감소를 초래할 수 있다(Miri et al., 2015). 이 효과는 주입정 인근에서 발생이 예상되며(그림 2.27), Snøhvit 저장소의 초기 주입단계(그림 2.45)에서 관측되었을 뿐만 아니라(Grude et al., 2014; Pawar et al., 2015) Ketzin CO_2 주입 파일럿 프로젝트에서도 보고되었다(Baumann et al., 2014). Snøhvit 프로젝트에서 염침전 문제를 완화하거나 회피하기 위해 선택한 해결책은 메틸-에틸렌-글리콜(MEG; Methyl-Ethylene-Glycol) 용액을 주입공정에 슬러그 형태로 주기적으로 주입하는 것이었다(Hansen et al., 2013). 그 결과 대부분의 CO_2 주입 프로젝트 설계 시에는 염침전 억제용액의 포함여부를 평가하게 되었고, 이는 염수와 CO_2 유동의 화학적 특성에 따라 달라진다는 결론에 도달하였다.

Snøhvit 프로젝트에서 압력이 장기적으로 상승하는 경향은 저류층 규모에서의 압력 전파를 저해한 지질학적 장벽(Geological barrier)[75] 때문에

---

75 역주: 지층내에서는 다양한 암종이 분포하여 유동을 방해할 수 있는데 이 책에서는 장벽(Barrier)의 의미로 표현하였다. 단층, 유체투과도가 낮은 암석, 셰일층 등이 유체 이동을 방해하거나 이동 속도를 저하시키는 역할을 할 수 있다.

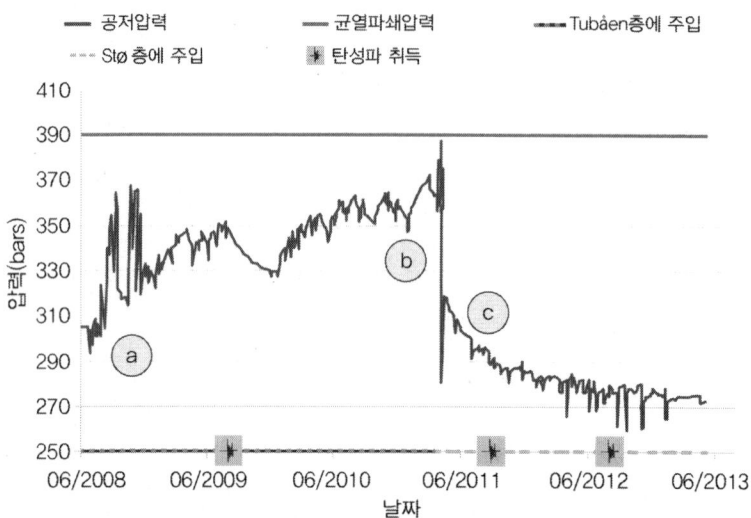

그림 2.45 시간경과 탄성파자료에 따른 Snøhvit CO_2 지중저장(2008~2013)의 압력 변화 추이. 주입 압력 변화 경향의 세 가지 특징: a. 염침전과 관련된 공저인근 효과 때문에 발생한 초기 압력의 상승, b. Tubåen층에서 지질학적인 유동장벽으로 인한 압력의 완만한 상승 경향, c. 상부 Stø층으로의 주입 전환효과와 주입정 보수에 의해 안정된 수준으로 압력 감소

발생하였다(그림 2.45의 b구간). 주입정에서 비교적 먼 거리에서 유동저항[76]을 유발하는 암석이 존재하므로, 동일한 주입정에서 주입이 더 용이한 상부지층으로 주입지점을 변경하는 결정을 하였다(Hansen et al., 2013; Pawar et al., 2015). 따라서 Snøhvit(Tubåen층)의 주입 이력은 주입정 인근과 주입정에서 멀리 떨어진 지역에서 주입과 관련한 저해인자를 어떻게 처리하고 완화하였는지에 대한 사례연구로 유용하다.

개별 주입정마다 지층물성, 유체시스템, 저류층 불균질성과 관련하여 각각 고유한 특징이 있다. 그러나 초기 프로젝트에서 얻은 주입정의 성

---

[76] 주요 방해인자는 주입정으로부터 약 3,000m 떨어진 곳에 있는 것으로 추정됨(Hansen et al., 2013)

능지수(그림 2.42)와 비교하거나 수행과정에서의 경험을 활용하게 되면 적어도 CO_2 거동범위 정도는 예상할 수 있다. 결국 주입정의 성능은 공학적 설계의 문제이기 때문에 향후 프로젝트에서는 CO_2 지중저장 기술의 발전에 따라 주입정 설계의 추가적인 최적화가 이루어질 수 있을 것이다. 이와 함께 주입유량을 예측하고 그와 관련된 불확실성을 평가하는 방법 또한 향상될 것으로 기대한다.

2.7 이산화탄소 지중저장을 위한 지구역학

2.7.1 응력과 변형률

CO_2 주입에 의한 지구역학적 반응은 암석파쇄(Rock failure)나 유발지진(Induced seismicity)의 발생가능성에 대한 우려로 인해 관심이 집중되어 왔다. 이러한 주제를 다루기 위한 접근법에는 암석응력과 유체압력에 대한 몇 가지 중요한 원리들이 필요하다. 여기서는 대륙 기반암까지는 고려하지 않고 대부분의 CO_2 저장 프로젝트가 진행되는 퇴적분지에 국한하여 논의를 진행하고자 한다. 암석응력과 유체압력에 대한 기본원리(그림 2.46)는 다음과 같다.

- 암석응력을 결정하는 것은 주로 상부지층의 하중이며 이는 암석밀도에 기초하여 예측할 수 있다. 규모가 큰 분지에서는 일반적으로 하중에 의한 응력(σ_V)이 최대응력벡터(σ_1)이다. 암석 내 다른 응력 성분들인 σ_2와 σ_3은 암석의 강도와 원거리 지각운동에 의한 응력

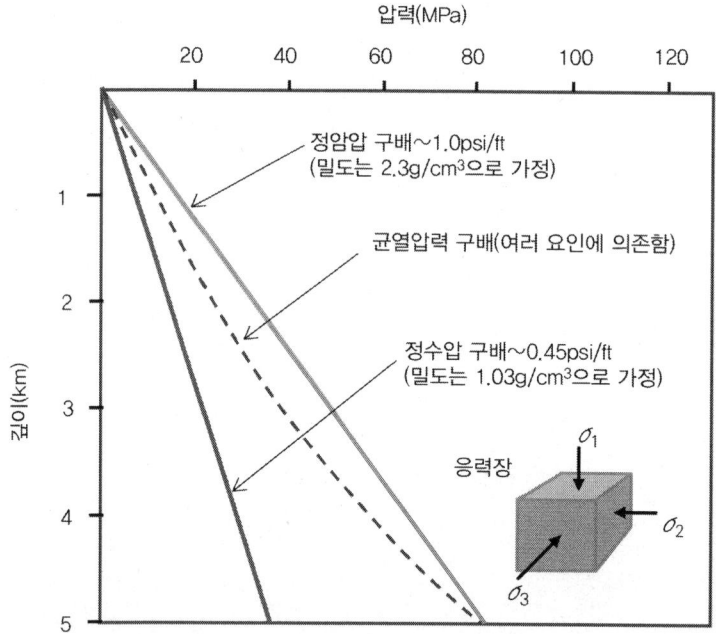

그림 2.46 퇴적분지에서의 암석응력과 유체압력에 대한 설명(그래프 내 기울기들은 지하의 물성이 균질하다는 가정 아래 계산)

에 의해 결정된다. 그러나 주향이동 단층 체계(Strike-slip tectonic regimes)에서는 중간응력(Intermediate stress) σ_2가 수직방향(중력 방향)인 반면 역단층 체계(Thrust tectonic regimes)에서는 최소응력 (Minimum stress) σ_3이 수직방향이다.

- 퇴적분지의 천부 영역에서는 유체압력이 정수압적 평형상태로서, 압력이 기준점(예: 해수면 혹은 지하수면) 하부의 단위면적당 물의 무게와 같은 상태이다. 그러나 어떤 심도에서는 압력이 정수압적 평형상태보다 훨씬 높아지는 과압력(Overpressure)이 발생할 수도 있다.
- 균열압력구배(Fracture gradient)[77]는 암석에 균열이 일어나는 조건

으로 최소응력 σ_3과 관련이 있지만 분지 내 심도와도 관련이 있다. 즉, 심도가 증가함에 따라 암석의 온도가 증가하면서 균열발생압력이 최대 응력값에 가까워지는 지점이 나타나는데, 이 심도구간에서 암석의 강성이 작아지고 소성이 더 커지기 때문이다.

CO_2 저장 프로젝트에서 CO_2 주입에 있어 가장 중요한 목표는 주입압력이 균열발생압력(Fracture pressure)을 넘지 않도록 하는 것이다. 이는 언뜻 간단해 보이는 목표이지만 실제 상황에서 주입한계압력을 정확히 결정하는 것은 매우 복잡한 문제이다. 대부분의 CO_2 주입 프로젝트에서 대상 심도의 범위는 1~4km이다. 최소 800m 이상의 심도에서 CO_2를 고밀도상태로 유지할 수 있고, 4km보다 더 깊은 심도에서는 암석물성이 양호하지 않아 높은 CO_2 주입량을 유지할 수 없기 때문이다.

다음은 반드시 이해하고 있어야 할 암석역학의 주요 개념들이다.

1. 응력과 변형률: 응력이 암석에 가해지면 암석은 변형이 일어나며 이러한 변형은 변형률로 설명된다(그림 2.47). 응력과 변형률은 서로 비례하며 이때의 비례상수는 영률(Young's Modulus) E로 다음과 같이 표현할 수 있다.

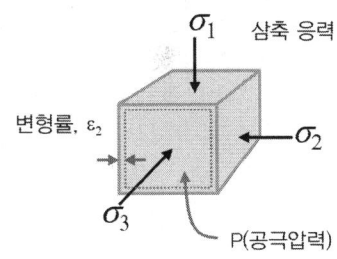

그림 2.47 암석의 삼축 응력, 변형률 그리고 공극압력에 대한 간단한 설명

---

77 **역주**: 균열압력구배는 특정 심도에서 암석 내 균열을 유발하기 위해 필요한 압력구배임

$$\sigma = E\epsilon \tag{2.36}$$

여기서 σ와 ϵ은 암석의 평균 응력과 평균 변형률이다.

변형률은 삼축 응력장(Triaxial stress field)에 상응하여 서로 수직인 세 성분(ϵ_1, ϵ_2, ϵ_3)으로 분해하거나 완전한 텐서형태로 나타낼 수 있다. 변형률 또한 부피변형률 ϵ_V로 표현할 수 있다.

2. 유효응력(σ_{eff}): 암석입자 구조(Granular rock framework)에 실제 작용하는 응력으로 다음과 같이 정의된다.

$$\sigma_{eff} = \sigma - p \tag{2.37}$$

여기서 σ는 총응력(Total stress)이고 p는 공극압력이다. 실제로는 응력텐서를 수평과 수직 성분 또는 최대와 최소 성분 등의 방식으로 분해할 필요가 있다.

3. 암석 압축률은 압력(또는 평균 응력)에 대한 부피 변화율로 체적 암석 압축률 c_r은 등온 조건에서 다음과 같이 정의된다.

$$c_r = -\frac{1}{V_p}\left(\frac{dV_p}{dp}\right)_T \tag{2.38}$$

암석 압축률은 일반적으로 $10^{-11} \sim 10^{-9} Pa^{-1}$ 범위의 값으로, 즉 암석은 거의 압축되지 않는다고 할 수 있다.

4. CO_2 압축률은 원위치 압력과 온도 조건에 좌우되는 값으로 유체 밀

도의 함수로 표현된다(Vilarrasa et al., 2010).

$$c_f = \frac{1}{\rho_f}\left(\frac{d\rho_f}{dp_f}\right) \tag{2.39}$$

CO_2 압축률의 값은 지하 조건에서 10^{-9}~$10^{-8} Pa^{-1}$ 범위이며 암석보다 100배 정도 더 잘 압축된다.

CO_2 저장 문제에 있어 압축률에 대한 항을 다공성 매질의 유효 응력 방정식과 연계하는 접근법은 유용하다. Nordbotten과 Celia(2012)는 다공성 매질의 압축률 c_ϕ을 다음과 같이 정의한다.

$$c_\phi = -\frac{d\phi}{d\sigma_{eff}} = \frac{d\phi}{dp} \tag{2.40}$$

위 식에서 유효응력에 대한 공극률 변화는 압력변화에 대한 공극률 변화와 같다고 가정한다. 이 식을 밀도를 알고 있는 단상의 공극 유체에 대한 물질평형방정식과 연계하여 다음 식을 구할 수 있다(Nordbotten and Celia, 2012).

$$\rho(c_\phi + \phi c_f)\frac{dp}{dt} = \rho c_\Sigma \frac{dp}{dt} \tag{2.41}$$

여기서 $c_\Sigma = c_\phi + \phi c_f$이다. 이 식은 암석-유체 시스템의 총 압축률 계수를 측정하거나 예측할 수 있는 유체와 암석에서의 압축률 수치로부터 계산할 수 있다는 것을 의미한다.

CO_2 저장 프로젝트와 관련된 주요 이슈들을 논의할 때 이러한 기본적 개념들이 자주 언급될 것이다. 암석역학과 관련한 주제에 대한 자세한 논의와 이해를 위해서는 Fjær 등(2008)이나 Zoback(2007)을 참조할 수 있다.

CO_2 주입 프로젝트의 암석역학적 측면과 관련되어 가장 많이 언급되는 주요 쟁점 두 가지는 다음과 같다.

- CO_2를 저장할 수 있는 충분한 공간이 있는가?
- 주입으로 인해 지진이 야기될 수 있는가?

여기에서는 논의를 흐리는 잘못된 오해를 피해서 위 질문들을 심도있게 다루기 위한 틀을 설정하고자 한다. CO_2를 저장할 수 있는 공간문제에 대한 Ehlig-Economides와 Economides(2010)의 분석이 좋은 출발점이 될 수 있다. 그들은 '폐쇄된 지하 공간 내 CO_2 격리(Sequestering carbon dioxide in a closed underground volume)'에 대한 논문에서 다음과 같은 결론을 내리고 있다.

"격리될 액체 혹은 초임계상태의 CO_2 부피는 공극 부피의 1%를 초과할 수 없다. 이로 인해 CO_2의 지질학적 격리는 CO_2 배출 관리에 있어 '완전히 실현 불가능한' 방안이다."

이들의 연구에서 최대 저장효율지수 ϵ 은 최대 약 1%라고 추정하였는데 이는 CO_2 주입용량 예측 연구에서 이용했던 값들보다 매우 작다(2.4.4 절 참조). 이들의 연구 논문에 대해서는 많은 반응들이 있었는데, 그중 Cavanagh 등(2010)은 이들의 분석은 결함이 있으며 정확하지 않은 개념모델과 전반적으로 너무 간단한 수학적 분석에 기초하고 있다고 하였다.

그렇다면 정말 공극 내 저장 가능한 부피 중 겨우 1%만 CO_2 저장에 이용할 수 있을까? 많은 연구자들이 '피압 상자(Confined box)'에는 유체를 많이 주입할 수 없다는 것(Ehlig-Economides와 Economides(2010)의 주장)에 동의하고 있지만, 실상 CO_2 저장의 이슈는 이것보다 더 광범위한 문제이다. 이 문제를 이해하기 위해서는 세 가지 근본적인 제한요소가 있다는 것을 잘 이해하여야 한다.

1. 상자의 크기(저장체)
2. 상자 경계들의 속성(단층이나 셰일지층)
3. 증가된 압력을 흡수할 상자의 능력(암석과 유체의 압축률)

Zhou 등(2008)은 여러 시스템들의 저장한계(그림 2.48a)에 대한 연구에서 완전한 폐쇄계(Perfectly closed system)에서의 저장효율은 약 0.5%라고 결론지었다. 그러나 차폐체의 유체투과도가 약 $10^{-17} m^2$(0.01md) 이상인 반폐쇄계(Semi-closed system)에서는 압력 증가의 측면에서 염수 누출 효과로 인해 실질적으로 개방계(Open system)처럼 거동한다고 언급하였다.[78] 지질학적 관점에서 보면, 2개 이상의 단층으로 둘러싸인 퇴적분지의 단층지괴(Fault block)는 폐쇄된 피압 구획(Confined pressure compartments)으로 존재할 수 있지만 이와 같이 영역들은 (단층들은 암석 변형들이 얽혀 있는 복잡한 영역이고 그래서 유체투과도가 일반적으로 매우 작지만 0은 아니기 때문에) 완벽히 밀폐될 수는 없다. 유체투과도가 매우 낮지만 0은 아닌 셰일과 같은 차폐층들에 대해서도 이러한 논거가 마찬가지로 성립한

---

78 개방계에서 저장효율지수는 약 4~6% 정도로 추정된다는 것을 참고(2.4.4절)

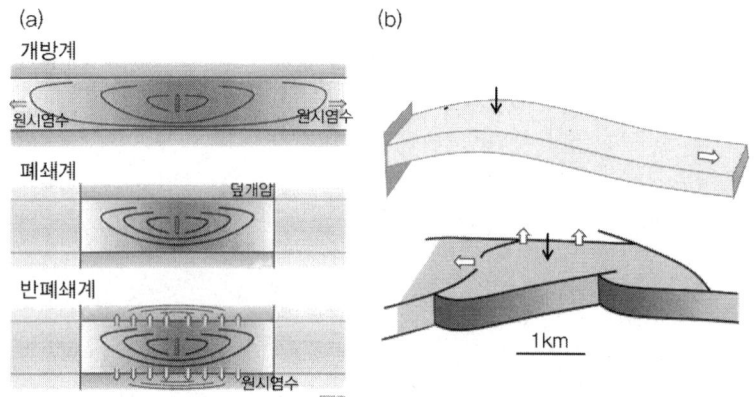

그림 2.48 (a) 개방계, 폐쇄계, 반폐쇄계에서 주입구간 주변의 모습(Zhou et al., 2008), (b) 반개방과 반폐쇄 지중저장 시스템들의 3차원 구조들의 예(검은색 화살표는 주입 지점을 나타내며 하얀색 화살들은 압력 분산 경로)(왼쪽 그림은 Elsevier의 허가를 받음)

다. 더욱이 분지규모에서는 3D 단층구조의 경우에도 단층 변위가 작은 영역이나 사암 간에 서로 병치(Juxtaposition)되어 있는 단층 영역 등을 통해 압력의 상호작용(그림 2.48b)이 발생한다. 그러므로 공극부피의 1%만이 CO_2 저장으로 이용 가능하다는 주장은 피압 상자의 제한된 가정에만 기초하고 있는 것이다. 그럼에도 불구하고 밀폐된 상자로 주입하는 '극단적인 사례'도 고려할 필요가 있다. 이 제한적 경우에서 저장가능한 부피는 암석 압축률과 대수층/단층지괴 크기에 대한 단순한 함수로 계산할 수 있다(그림 2.49에 요약). 이러한 체계에서 단층으로 인한 작은 구획들은 좋은 저장부지는 아니지만, 규모가 충분히 크기만 하다면(>10km) CO_2가 저장될 수 있도록 압력이 충분히 잘 분산되어 한계압력에 도달하지 않을 것이다.

2.7.2 CO_2 저장과 유발지진

CO_2 주입으로 인해 지진이 발생할 수 있을까? 이 의문은 논쟁의 여지가 많

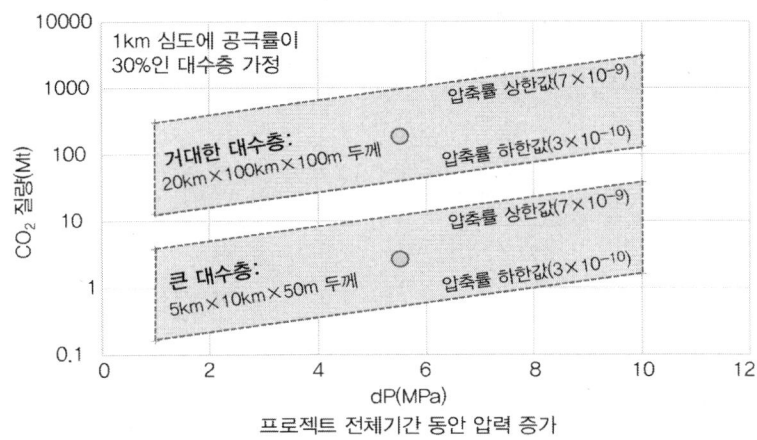

그림 2.49 압축률 추정치에 기반한 선택된 닫힌 대수층 단층지괴에 대한 저장부피 예측

은 이슈이며 여러 오해 때문에 혼란을 야기한다. 대개 단층이나 그 인근에 물을 주입하면 유효응력이 낮아지게 되고 단층이동(Fault slip)이 더 잘 일어날 수 있다. 그러나 CO_2 주입은 물 주입과 완전히 동일하지는 않다. 거의 비압축성인 물과 달리 CO_2는 압축성이 크기 때문이다. 뿐만 아니라 CO_2는 비습윤성으로 인해 물을 밀어내며 가장 큰 공극들로 들어가는 경향이 있다. 이러한 CO_2와 물 주입의 차이점들은 초기 CO_2 주입 프로젝트의 관찰 결과로 이미 검증된 사실이다. 비록 CO_2 주입으로 약간의 유발지진이 발생할 수는 있지만 관련성이 복잡하며 일반적으로 유발지진의 강도도 매우 작다고 알려져 있다. Verdon 등(2013)은 CO_2 주입 역사가 가장 긴 Weyburn 프로젝트 등 3개의 주입부지들을 분석하여 미소진동[79]의 복잡한 양상을 보

---

79 **역주**: 미소진동(Micro seismicity)은 미소지진(Micro earthquake)에 의해 발생한 진동. 영어로는 일반적인 탄성파인 'Elastic wave' 중 지진/지표면진동(Earthquake)과 관련된 탄성파를 'Seismic wave'라고 하는데 (한국어에는 이 'Seismic'에 해당하는 단어가 없어) Seismic wave도 탄성파라고 주로 칭한다. Seismic survey를 탄성파탐사라고 하는 이유이

고했다. 대부분의 미소진동은 생산정과 관련이 있거나 CO_2 주입정의 폐쇄 기간에 발생했고 CO_2 주입 중에는 발생하지 않았다.

Zoback과 Gorelick(2012)은 대규모의 CO_2 저장은 큰 지진을 야기할 수 있다고 시사하면서, "대규모 CCS는 상당량의 온실가스를 저장하기에 위험할 뿐만 아니라 성공 가능성도 낮은 전략"으로 결론지었다. 그러나 이들의 분석은 대륙 내부에 흔히 있는 잘 깨지는 암석에 주입했던 사례에 초점이 맞춰져 있었다. Zoback과 Gorelick(2012)의 주장에 대응해서 Vilarrasa와 Carrera(2015)는 "지질학적 탄소 저장은 큰 지진을 촉발하지도 않고 CO_2가 누출될 수 있는 단층을 활성화시킬 확률도 낮다"고 주장하며 이를 뒷받침하기 위해 다음의 네 가지 주요 근거를 제시했다.

- 일반적으로 퇴적분지는 임계응력 상태에 놓여 있지 않다.
- 최대 주입압력은 주입을 시작할 때 발생하며 이는 제어가능하다.
- 모세관력은 물이 밀려나가는 동안 CO_2를 잔류시킬 수 있다.
- CO_2는 염수에 점진적으로 용해된다.

그러므로 낮은 마찰계수의 약한 암석으로 이루어진 퇴적분지에 주입하는 경우에 한정하여 CO_2-염수 시스템의 유체역학을 감안한다면, 큰 유발지진은 쉽게 일어나지 않는다는 것이 더 합당하다. 더욱이 CO_2 주입 프로젝트의 가장 중요한 이슈가 주입 중 압력 증가를 모니터링하며 미소진

다. 이를 지진파탐사라고 칭하는 이들도 있고 이들의 논리를 따르면 Micro seismicity도 미소지진이라고 할 수 있겠으나, 이럴 경우 Micro earthquake와 구분이 불가능하고 '지진'이 가지는 자연재해적 이미지를 고려하면 Seismic survey를 탄성파탐사라고 하는 것 그리고 Micro seismicity를 '미소진동'이라고 번역하는 것이 합당할 것이다.

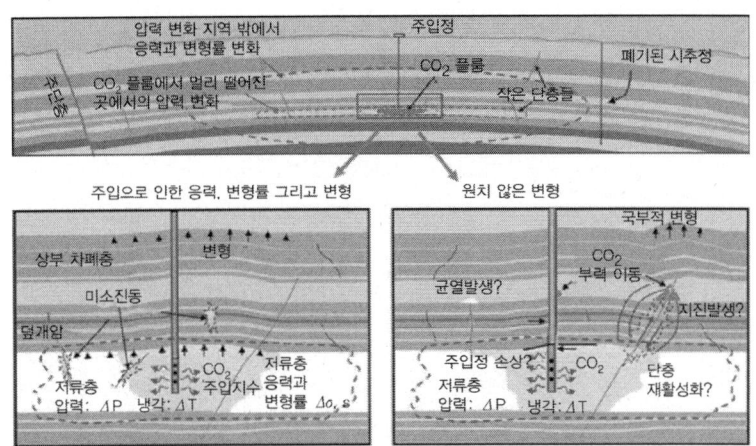

그림 2.50 심부 퇴적지층에서 CO_2 저장과 관련된 지구역학적 과정과 주요 기술 이슈들(출처: Rutqvist(2012)). 위: 크고 작은 단층이 있는 다층 시스템 내부에서 CO_2 플룸, 저류층 압력 변화 그리고 지구역학적 변화의 영향을 받는 다양한 영역들. 왼쪽 아래: 주입에 따른 저류층 압력과 온도 변화로 인한 주입 유발 응력, 변형률, 변형 그리고 잠재적 미소진동 발생. 오른쪽 아래: 지중저장 효율을 감소시키거나 지역 사회에 우려를 야기할 수 있는 원치 않는 비탄성적 변화들. 2019 Springer Nature의 허가를 받은 그림들

동의 발생가능 수준 이하로 주입을 제어하는 것임을 감안하면 CCS에서 유발지진이 쉽게 일어나지 않는다는 주장은 더욱 합리적이라고 할 수 있다.

Rutqvist(2012)는 심부 퇴적지층에 CO_2를 저장하며 발생하는 지구역학적 문제를 이해하고 관리하는 것에 대해서 검토(그림 2.50)하였고 다음과 같은 주요 이슈들을 제시하였다.

- 시간의 함수로서 압력 변화 추이 이해
- 주입정 주변에서 중대한 영향을 미치는 균열과 단층 파악

주입에 대한 지구역학적 반응을 이해하는 데 있어 주된 불확실성 중 하나는 주입정에서 충분히 멀리 떨어져 있는 (측정들이 이루어지고 있는)

암반에서의 원위치 응력장과 물성들을 예측하는 것이다. Chiaramonte 등 (2015)은 노르웨이의 Snøhvit 주입 사이트에서 이러한 지구역학적 분석의 수행방법에 대해 (응력장에 대한 불확실성을 다루는 것을 포함하여) 유용한 분석을 제공하였다.

2.7.3 In Salah 프로젝트에서의 지구역학적 통찰

In Salah CCS 실증 프로젝트는 2007년부터 2013년까지 산학 협력 프로젝트의 일환으로 알제리 중부에서 광범위하게 진행되었다. 이 프로젝트에서 얻은 지구역학 측면의 통찰들을 간단히 살펴보려 한다. 이 실증 사이트는 식생이 거의 없는 해발 430m의 고지대 사막환경에 위치하기 때문에, InSAR 기술을 이용하여 인공위성에서 지표 변위의 변화를 측정하여 지하의 압력 변화에 대해 매우 정확하게 파악할 수 있었다(Vasco et al., 2008, 2010). 지표면 고도에 대한 mm 규모의 변화는 지하 2km 심도의 주입지층에서 발생하는 압력 상승과 관련이 있으므로, 이를 통해 주입에 의한 압력 변화의 특성을 상당히 상세히 파악하였다.

주요 관찰 결과(그림 2.51)는 지표의 변형이 지하 암반 내 암석의 변형과 어떻게 연관되는지를 요약하고 있다. 주입에 의해 상승한 압력(5~7MPa)은 지반을 팽창시켜 지표면에서 감지 가능한 변형을 일으킨다. 대부분의 변형은 탄성영역 내였지만 일부 변형은 균열의 영구적인 변위로 이어졌다. Ringrose 등(2013)이 이러한 통찰을 그림으로 요약하였는데(그림 2.52), 중요한 관찰 결과로는 수평 주입정이 가로지르는 한 균열대가 재활성화되었으며 이와 관련된 미소진동이 발생하였다는 점이다(Goertz-Allmann et al., 2014). 이 균열대의 존재는 프로젝트 수행 중 획득한 3차원 탄성파 자료

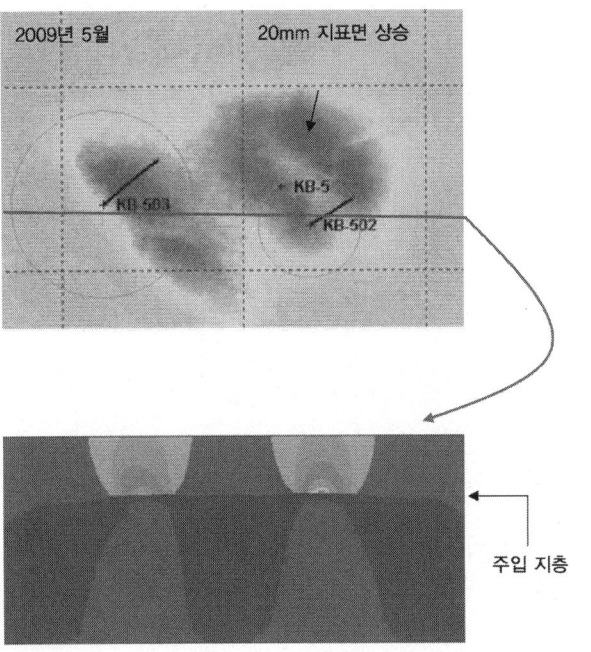

그림 2.51 In Salah CO₂ 주입 사이트에서의 변형률 측정 개요(p.xxv 컬러 그림 참조)
위: 두 수평 주입정(KB-502와 KB-503) 상부 지역에서 최대 20mm의 지표 상승을 보여주는 InSAR 관측 결과
아래: Gemmer 등(2012)이 제시한 지표면 상승에 상응하는 암석변형 모델. 단면의 수직 6km, 가로 15km이고 녹색은 팽창(양의 변형률)을 나타낸다.

에서 이 균열대를 따라 발생한 속도감소 효과를 통해 확인되었다(Ringrose et al., 2011; White et al., 2014). 지하의 다상 유체유동과 균열이 있는 암반시스템의 지구역학적 반응 사이의 관계를 더욱 잘 이해하기 위해서 많은 모델링 연구들이 수행되었다(Vasco et al., 2010; Bissell et al., 2011; Gemmer et al., 2012; Rinaldi and Rutqvist, 2013; Bohloli et al., 2017). 여기서 얻은 통찰(그림 2.53)은 암반만을 고려한 암석역학적 참조모델로는 관찰된 변형을 설명하기에 불충분했으며 단층과 균열대 등의 비탄성 변형률의 영향까지 고려했을 때 보다 나은 예측이 가능했다는 것이다.

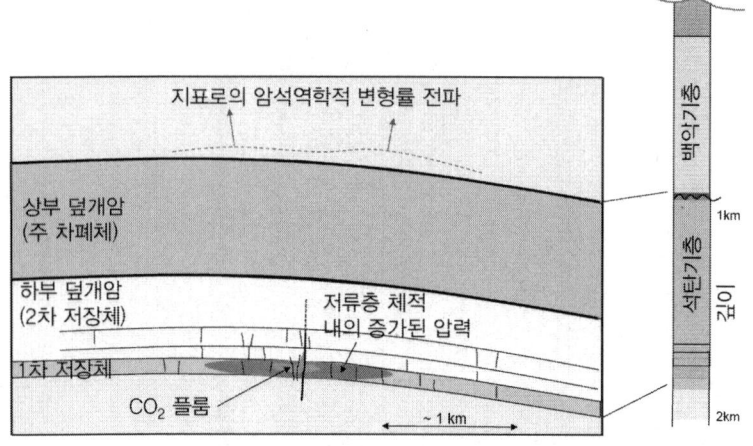

그림 2.52 In Salah 주입 현장에서 주입정 KB-502 주변의 주요 지구역학적 관측을 설명하는 개요도

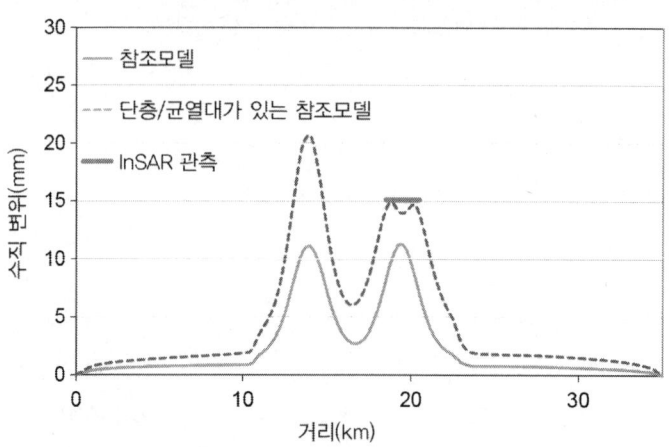

그림 2.53 In Salah 참조모델들을 이용한 지구역학적 모델링 결과들(Gemmer 등(2012)에서 재구성)과 InSAR 자료에서 관찰된 최대 지표면 상승(Rinaldi and Rutqvist, 2013)과의 비교

향후 수행할 잠재적인 프로젝트의 관점에서 이러한 통찰을 참고한다면 다음과 같은 점들을 주목해야 한다.

- 저장 복합체가 CO_2 주입에 의해 어떤 변화를 보이는지를 이해하기 위해서는 여러 모니터링 자료들(InSAR, 탄성파, 미소진동)과 함께 모델링 연구 결과들을 통합적으로 분석하여야 한다.
- 인공위성 InSAR 자료를 분석하여 수리역학적으로 자극된 균열대들을 파악할 수 있었는데, 이는 그 후 탄성파와 미소진동 모니터링 자료를 통해 입증되었다.
- 지구역학적 모델링 결과, 지반 내에서 발생하는 변형은 일부 탄성변형과 함께 균열들을 따라 발생한 부분적인 영구변형으로 구성되어 있음을 밝혀냈다.

모든 관측값들의 통합 분석(Shi et al., 2012, 2019; Ringrose et al., 2013; Rinaldi and Rutqvist, 2013; White et al., 2014; Bohloli et al., 2018)을 통해 CO_2 지중저장의 온전성(Integrity)에는 어떠한 문제도 없음을 확인할 수 있었다. 또한 향후 CO_2 지중저장 과정에서 발생할 수 있는 상황들을 이해하고 대처하기 위해서는 지질학 및 지구역학적 상세모델 개발이 필요함을 지적하였다.

Reference

Al-Hussainy R, Ramey HJ Jr, Crawford PB (1966) The flow of real gases through porous media. J Pet Technol 624–636

Alnes H, Eiken O, Nooner S, Sasagawa G, Stenvold T, Zumberge M (2011) Results from Sleipner gravity monitoring: updated density and temperature distribution of the CO_2 plume. Energy Procedia 4:5504–5511

Amarasinghe W, Fjelde I., Rydland, JA, Guo Y (2019) Effects of permeability and wettability on CO_2 dissolution and convection at realistic saline reservoir conditions: a visualization study. In: SPE Europec featured at 81st EAGE Conference and Exhibition. Society of Petroleum Engineers

Andersen O, Tangen G, Ringrose P, Greenberg SE (2018) CO_2 data share: a platform for sharing CO_2 storage reference datasets from demonstration projects. In: 14th greenhouse gas control technologies conference Melbourne

Arts R, Eiken O, Chadwick A, Zweigel P, Van der Meer L, Zinszner B (2004) Monitoring of CO_2 injected at Sleipner using time-lapse seismic data. Energy 29(9):1383–1392

Bachu S (2015) Review of CO_2 storage efficiency in deep saline aquifers. Int J Greenhouse Gas Control 40:188–202

Bachu S, Bonijoly D, Bradshaw J, Burruss R, Holloway S, Christensen NP, Mathiassen OM (2007) CO_2 storage capacity estimation: methodology and gaps. Int J Greenhouse Gas Control 1(4):430–443

Baines SJ, Worden RH (2004) The long-term fate of CO_2 in the subsurface: natural analogues for CO2 storage. Geol Soc Lond Spec Pub 233(1):59–85

Bakke S, Øren PE (1997) 3-D pore-scale modelling of sandstones and flow simulations in the pore networks. SPE Journal 2(02):136–149

Baklid A, Korbol R, Owren G (1996) Sleipner vest CO_2 disposal, CO_2 injection into a shallow underground aquifer. In: SPE annual technical conference and exhibition. society of Petroleum Engineers. https://doi.org/10.2118/36600-ms

Baumann G, Henninges J, De Lucia M (2014) Monitoring of saturation changes and salt precipitation during CO_2 injection using pulsed neutron-gamma logging at the Ketzin pilot site. Int J Greenhouse Gas Control 28:134–146

Bennion B, Bachu S (2006) Dependence on temperature, pressure, and salinity of the IFT and relative permeability displacement characteristics of CO_2 injected in deep Saline aquifers. Paper SPE 102138, presented at the 2006 SPE annual technical conference and exhibition, San Antonio, TX, USA, September 24-27

Benson S, Cook P, Anderson J, Bachu S, Nimir HB, Basu B, Bradshaw J, Deguchi G, Gale J, von Goerne G, Heidug W (2005) Underground geological storage. IPCC special report on carbon dioxide capture and storage, pp 195-276

Bentley M (2016) Modelling for comfort? Pet Geosci 22(1):3-10

Bentley M, Ringrose P (2017) Future directions in reservoir modelling: new tools and 'fit-forpurpose' workflows. In: Geological society, London, petroleum geology conference series, vol 8. Geological Society of London, pp PGC8-40

Berg RR (1975) Capillary pressures in stratigraphic traps. AAPG Bull 59(6):939-956

Bickle M, Chadwick A, Huppert HE, Hallworth M, Lyle S (2007) Modelling carbon dioxide accumulation at Sleipner: implications for underground carbon storage. Earth Planet Sci Lett 255(1-2):164-176

Bissell RC, Vasco DW, Atbi M, Hamdani M, Okwelegbe M, Goldwater MH (2011) A full field simulation of the in Salah gas production and CO_2 storage project using a coupled geo-mechanical and thermal fluid flow simulator. Energy Procedia 4:3290-3297

Black JR, Carroll SA, Haese RR (2015) Rates of mineral dissolution under CO_2 storage conditions. Chem Geol 399:134-144

Blunt MJ (2001) Flow in porous media—pore-network models and multiphase flow. Curr Opin Colloid Interface Sci 6(3):197-207

Boait FC, White NJ, Bickle MJ, Chadwick RA, Neufeld JA, HuppertHE(2012) Spatial and temporal evolution of injected CO_2 at the Sleipner Field, North Sea. J Geophys Res Solid Earth 117(B3)

Bohloli B, Ringrose P, Grande L, Nazarian B (2017) Determination of the fracture pressure from CO_2 injection time-series datasets. Int J Greenhouse Gas Control 61:85-93

Bohloli B, Bjørnarå TI, Park J, Rucci A (2018) Can we use surface uplift data for reservoir performance monitoring?Acase study from In Salah, Algeria. Int J Greenhouse Gas Control 76:200-207

Bond CE, Wightman R, Ringrose PS (2013) The influence of fracture anisotropy on CO_2 flow. Geophys Res Lett 40(7):1284-1289

Bradshaw J, Bachu S, Bonijoly D, Burruss R, Holloway S, Christensen NP, Mathiassen OM (2007) CO_2 storage capacity estimation: issues and development of standards. Int J Greenhouse Gas Control 1(1):62-68

Busch A, Alles S, Gensterblum Y, Prinz D, Dewhurst DN, Raven MD, Stanjek H, Krooss BM (2008) Carbon dioxide storage potential of shales. Int J Greenhouse Gas Control 2(3):297-308

Carroll SA, McNab WW, Torres SC (2011) Experimental study of cement-sandstone/ shale-brine-CO_2 interactions. Geochem Trans 12(1):9

Carruthers D, Ringrose P (1998) Secondary oil migration: oil-rock contact volumes, flow behaviour and rates. Geol Soc Lond Spec Pub 144(1):205-220

Cavanagh A (2013) Benchmark calibration and prediction of the Sleipner CO_2 plume from 2006 to 2012. Energy Procedia 37:3529-3545

Cavanagh AJ, Haszeldine RS (2014) The Sleipner storage site: capillary flow modeling of a layered CO_2 plume requires fractured shale barriers within the Utsira Formation. Int J Greenhouse Gas Control 21:101-112

Cavanagh AJ, Ringrose PS (2011) Simulation of CO_2 distribution at the In Salah storage site using high-resolution field-scale models. Energy Procedia 4:3730-3737

Cavanagh AJ, Haszeldine RS, Blunt MJ (2010) Open or closed? A discussion of the mistaken assumptions in the Economides pressure analysis of carbon sequestration. J Pet Sci Eng 74(1-2):107-110

Cavanagh AJ, Haszeldine RS, Nazarian B (2015) The Sleipner CO_2 storage site: using a basin model to understand reservoir simulations of plume dynamics. First Break 33(6):61-68

Chadwick RA, Noy DJ (2010) History-matching flow simulations and time-lapse seismic data from the Sleipner CO_2 plume. In: Geological Society, London, petroleum geology conference series, vol 7, issue No 1, pp 1171-1182. Geological Society of London

Chadwick A, Williams G, Delepine N, Clochard V, Labat K, Sturton S, Buddensiek ML, Dillen M, Nickel M, Lima AL, Arts R (2010) Quantitative analysis of time-lapse seismic monitoring data at the Sleipner CO_2 storage operation. Lead Edge 29(2):170-177

Chiaramonte L, White JA, Trainor-Guitton W (2015) Probabilistic geomechanical analysis of compartmentalization at the Snøhvit CO_2 sequestration project. J Geophys Res Solid Earth 120(2):1195-1209

Cooper C, Members of the Carbon Capture Project (2009). A technical basis for carbon dioxide storage: London and New York. Chris Fowler International, pp 3-20. http://www.CO2captureproject.org/

Coward MP, Ries AC (2003) Tectonic development of North African basins. In: Arthur TJ, Macgregor DS, Cameron NR (eds) Petroleum geology of Africa: new themes and developing technologies. Special Publication 207, Geological Society, London, pp 61-83

Durlofsky LJ (1991) Numerical calculation of equivalent grid block permeability tensors for heterogeneous porous media. Water Resour Res 27(5):699-708

EC (2009) Directive 2009/31/EC of the European Parliament and of the Council of 23 April 2009 on the geological storage of carbon dioxide and amending Council Directive 85/337/EEC, European Parliament and Council Directives 2000/60/EC, 2001/80/EC, 2004/35/EC, 2006/12/EC, 2008/1/EC and Regulation (EC) No 1013/2006

Ehlig-Economides C, Economides MJ (2010) Sequestering carbon dioxide in a closed underground volume. J Pet Sci Eng 70(1-2):123-130

Eiken O, Ringrose P, Hermanrud C, Nazarian B, Torp TA, Høier L (2011) Lessons learned from 14 years of CCS operations: Sleipner, In Salah and Snøhvit". Energy Procedia 4:5541-5548

Fjær E, Holt RM, Raaen AM, Risnes R, Horsrud P (2008) Petroleum related rock mechanics, 2nd edn. Elsevier, 514 p

Furre AK, Kiær A, Eiken O (2015) CO_2-induced seismic time shifts at Sleipner. Interpretation 3(3):SS23-SS35. https://doi.org/10.1190/INT-2014-0225.1

Furre AK, Eiken O, Alnes H, Vevatne JN, Kiær AF (2017) 20 years of monitoring CO_2-injection at Sleipner. Energy Procedia 114:3916-3926

Furre A, Ringrose P, Santi AC (2019) Observing the invisible—CO_2 feeder chimneys on seismic time-lapse data. In: 81st EAGE conference and exhibition 2019

Gemmer L, Hansen O, Iding M, Leary S, Ringrose P (2012) Geomechanical response to CO_2 injection at Krechba, In Salah, Algeria. First Break 30(2):79-84

Gibson-Poole CM, Svendsen L, Underschultz J, Watson MN, Ennis-King J, Van Ruth PJ, Nelson EJ, Daniel RF, Cinar Y (2008) Site characterisation of a basin-scale CO_2 geological storage system: Gippsland Basin, southeast Australia. Environ Geol 54(8):1583-1606

Gilfillan SM, Ballentine CJ, Holland G, Blagburn D, Lollar BS, Stevens S, Schoell M, Cassidy M (2008) The noble gas geochemistry of natural CO_2 gas reservoirs from the Colorado Plateau and Rocky Mountain provinces, USA. Geochim Cosmochim Acta 72(4):1174-1198

Goertz-Allmann BP, Kühn D, Oye V, Bohloli B, Aker E (2014) Combining microseismic and geomechanical observations to interpret storage integrity at the In Salah CCS site. Geophys J Int 198(1):447-461

Golan M, Whitson CH (1991) Well performance, 2nd edn. Prentice Hall

Grude S, Landrø M, Dvorkin J (2014) Pressure effects caused by CO_2 injection in the Tubåen Fm., the Snøhvit field. Int J Greenhouse Gas Control 27:178-187

Hansen H, Eiken O, Aasum TA (2005) Tracing the path of carbon dioxide from a gas-condensate reservoir, through an amine plant and back into a subsurface aquifer— case study: the Sleipner area, Norwegian North Sea. Society of Petroleum Engineers, SPE paper 96742. https://doi.org/10.2118/96742-ms

Hansen O, Gilding D, Nazarian B, Osdal B, Ringrose P, Kristoffersen JB, Eiken O, HansenH(2013) Snøhvit: the history of injecting and storing 1 Mt CO_2 in the Fluvial Tubåen Fm. Energy Procedia 37:3565-3573

Huang Y, Ringrose PS, Sorbie KS (1995) Capillary trapping mechanisms in water-wet laminated rocks. SPE Reservoir Eng 10(4). https://doi.org/10.2118/28942-pa

HuangY, Ringrose PS, Sorbie KS (1996) The effects of heterogeneity and wettability on oil recovery from laminated sedimentary structures. SPE J 1(04):451-462

Iding M, Ringrose P (2010) Evaluating the impact of fractures on the performance of the In Salah CO_2 storage site. Int J Greenhouse Gas Control 4(2):242-248

Kaszuba JP, Janecky DR, Snow MG (2003) Carbon dioxide reaction processes in a model brine aquifer at 200 C and 200 bars: implications for geologic sequestration of carbon. Appl Geochem 18(7):1065-1080

Kiær AF, Eiken O, Landrø M (2016) Calendar time interpolation of amplitude maps from 4D seismic data. Geophys Prospect 64(2):421-430

Krevor SC, Pini R, Li B, Benson SM (2011) Capillary heterogeneity trapping of CO_2 in a sandstone rock at reservoir conditions. Geophys Res Lett 38(15)

Krevor S, Blunt MJ, Benson SM, Pentland CH, Reynolds C, Al-Menhali A, Niu B (2015) Capillary trapping for geologic carbon dioxide storage—from pore scale physics to field scale implications. Int J Greenhouse Gas Control 40:221-237

Lee WJ, Wattenbarger RA (1996) Gas reservoir engineering, SPE textbook series, vol 5. Society of Petroleum Engineers, 349

Lopez O, Idowu N, Mock A, Rueslåtten H, Boassen T, Leary S, Ringrose P (2011) Pore-scale modelling of CO_2-brine flow properties at In Salah, Algeria. Energy Procedia 4:3762-3769

Marcussen Ø, Faleide JI, Jahren J, Bjørlykke K (2010) Mudstone compaction curves in basin modelling: a study of mesozoic and cenozoic sediments in the northern North Sea. Basin Res 22(3):324-340

Mathieson A, Midgley J, Dodds K, Wright I, Ringrose P, Saoul N (2010) CO_2 sequestration monitoring and verification technologies applied at Krechba, Algeria. Leadv Edge 29(2):216-222

Meckel TA, Bryant SL, Ganesh PR (2015) Characterization and prediction of CO_2 saturation resulting from modeling buoyant fluid migration in2Dheterogeneous geologic fabrics. Int J Greenhouse Gas Control 34:85-96

Metz B (ed) (2005) Carbon dioxide capture and storage: special report of the intergovernmental panel on climate change. Cambridge University Press

Miri R, van Noort R, Aagaard P, HellevangH(2015) Newinsights on the physics of salt precipitation during injection of CO_2 into saline aquifers. Int J Greenhouse Gas Control 43:10-21

Naylor M, Wilkinson M, Haszeldine RS (2011) Calculation of CO_2 column heights in depleted gas fields from known pre-production gas column heights. Mar Pet Geol 28(5):1083-1093

Nazarian B, Held R, Høier L, Ringrose P (2013) Reservoir management of CO_2 injection: pressure control and capacity enhancement. Energy Procedia 37:4533-4543

Niemi A, Bear J, Bensabat J (2017) Geological storage of CO_2 in Deep Saline

Formations. Springer

Nordbotten JM, Celia MA (2006) Similarity solutions for fluid injection into confined aquifers. J Fluid Mech 561:307–327

Nordbotten JM, Celia MA (2012) Geological storage of CO_2: modeling approaches for large-scale simulation. Wiley

Nordbotten JM, Celia MA, Bachu S (2005) Injection and storage of CO_2 in deep saline aquifers: analytical solution for CO_2 plume evolution during injection. Transp Porous Media 58(3):339–360

Okwen RT, Stewart MT, Cunningham JA (2010) Analytical solution for estimating storage efficiency of geologic sequestration of CO_2. Int J Greenhouse Gas Control 4(1):102–107

Oldenburg CM, Mukhopadhyay S, Cihan A (2016) On the use of Darcy's law and invasionpercolation approaches for modeling large-scale geologic carbon sequestration. Greenhouse Gases Sci Technol 6(1):19–33

Pau GS, Bell JB, Pruess K, Almgren AS, Lijewski MJ, Zhang K (2010) High-resolution simulation and characterization of density-driven flow in CO_2 storage in saline aquifers. Adv Water Resour 33(4):443–455

Pawar RJ, Bromhal GS, Carey JW, Foxall W, Korre A, Ringrose PS, Tucker O, Watson MN, Mathieson A, White JA (2015) Recent advances in risk assessment and risk management of geologic CO_2 storage. Int J Greenhouse Gas Control 40:292–311

Pickup GE, Sorbie KS (1996) The scaleup of two-phase flow in porous media using phase permeability tensors. SPE J 1(04):369–382

Pickup GE, Ringrose PS, Jensen JL, Sorbie KS (1994) Permeability tensors for sedimentary structures. Math Geol 26(2):227–250

Rapoport LA (1955) Scaling laws for use in design and operation of water-oil flow models. Pet Trans 145–150

Reynolds CA, Krevor S (2015) Characterizing flow behavior for gas injection: relative permeability of CO-brine and N2-water in heterogeneous rocks. Water Resour Res 51(12):9464–9489

Riaz A, Hesse M, Tchelepi HA, Orr FM (2006) Onset of convection in a gravitationally unstable diffusive boundary layer in porous media. J Fluid Mech 548:87–111

Rinaldi AP, Rutqvist J (2013) Modeling of deep fracture zone opening and transient ground surface uplift at KB-502 CO_2 injection well, In Salah, Algeria. Int J Greenhouse Gas Control 12:155–167

Ringrose PS (2018) The CCS hub in Norway: some insights from 22 years of saline aquifer storage. Energy Procedia 146:166–172

Ringrose P, Bentley M (2016). Reservoir model design. Springer

Ringrose PS, Sorbie KS, Corbett PWM, Jensen JL (1993) Immiscible flow behaviour in laminated and cross-bedded sandstones. J Petrol Sci Eng 9(2):103–124

Ringrose PS, Yardley G, Vik E, Shea WT, Carruthers DJ (2000) Evaluation and benchmarking of petroleum trap fill and spill models. J Geochem Explor 69–70:689–693. https://doi.org/10.1016/S0375-6742(00)00072-8

Ringrose P, Atbi M, Mason D, Espinassous M, MyhrerØ, Iding M, Wright I (2009) Plume development around well KB-502 at the In Salah CO_2 storage site. First Break 27(1):85–89

Ringrose PS, Roberts DM, Gibson-Poole CM, Bond C, Wightman R, Taylor M, Østmo S (2011) Characterisation of the Krechba CO_2 storage site: critical elements controlling injection performance. Energy Procedia 4:4672–4679

Ringrose PS, Mathieson AS, Wright IW, Selama F, Hansen O, Bissell R, Saoula N, Midgley J (2013) The In Salah CO_2 storage project: lessons learned and knowledge transfer. Energy Procedia 37:6226–6236

Ringrose P, Greenberg S, Whittaker S, Nazarian B, Oye V (2017) Building confidence in CO_2 storage using reference datasets from demonstration projects. Energy Procedia 114:3547–3557

Rutqvist J (2012) The geomechanics of CO_2 storage in deep sedimentary formations. Geotech Geol Eng 30(3):525–551

Sahasrabudhe SN, Rodriguez-Martinez V, O'Meara M, Farkas BE (2017) Density, viscosity, and surface tension of five vegetable oils at elevated temperatures: measurement and modeling. Int J Food Prop 20(sup2):1965–1981

Sclater JG, Christie P (1980) Continental stretching: an explanation of the post-mid-cretaceous subsidence of the central North Sea Basin. J Geophys Res Solid Earth 85(B7):3711–3739 (1978–2012)

Shi JQ, Sinayuc C, Durucan S, Korre A (2012) Assessment of carbon dioxide plume behaviour within the storage reservoir and the lower caprock around the KB-502 injection well at In Salah. Int J Greenhouse Gas Control 7:115–126

Shi JQ, Durucan S, Korre A, Ringrose P, MathiesonA(2019) History matching and pressure analysis with stress-dependent permeability using the In Salah CO_2 storage case study. Int J Greenhouse Gas Control 91:102844

Shook M, Li D, Lake LW(1992) Scaling immiscible flow through permeable media by inspectional analysis. In Situ 16(4):311–311

Singh VP, Cavanagh A, Hansen H, Nazarian B, Iding M, Ringrose PS (2010) Reservoir modeling of CO_2 plume behavior calibrated against monitoring data from Sleipner, Norway. In: SPE annual technical conference and exhibition. Society of Petroleum Engineers. https://doi.org/10.2118/134891-MS

Stephen KD, Pickup GE, Sorbie KS (2001) The local analysis of changing force balances in immiscible incompressible two-phase flow. Transp Porous Media 45(1):63–88

Torp TA, Gale J (2004) Demonstrating storage of CO_2 in geological reservoirs: the Sleipner and SACS projects. Energy 29(9-10):1361-1369

Trevisan L, Pini R, Cihan A, Birkholzer JT, Zhou Q, Illangasekare TH (2015) Experimental analysis of spatial correlation effects on capillary trapping of supercritical CO_2 at the intermediate laboratory scale in heterogeneous porous media. Water Resour Res 51(11):8791-8805

Van der Meer LGH (1995) The CO_2 storage efficiency of aquifers. Energy Convers Manag 36(6):513-518

Vasco DW, Ferretti A, Novali F (2008) Reservoir monitoring and characterization using satellite geodetic data: interferometric synthetic aperture radar observations from the Krechba field, Algeria. Geophysics 73(6):WA113-WA122

Vasco DW, Rucci A, Ferretti A, Novali F, Bissell RC, Ringrose PS, Mathieson AS, Wright IW (2010) Satellite-based measurements of surface deformation reveal fluid flow associated with the geological storage of carbon dioxide. Geophys Res Lett 37(3)

Verdon JP, Kendall JM, Stork AL, Chadwick RA, White DJ, Bissell RC (2013) Comparison of geomechanical deformation induced by megatonne-scale CO_2 storage at Sleipner, Weyburn, and In Salah. Proc Natl Acad Sci 110(30):E2762-E2771

Vilarrasa V, Carrera J (2015) Geologic carbon storage is unlikely to trigger large earthquakes and reactivate faults through which CO_2 could leak. Proc Natl Acad Sci 112(19):5938-5943

Vilarrasa V, Bolster D, Dentz M, Olivella S, Carrera J (2010) Effects of CO_2 compressibility on CO_2 storage in deep saline aquifers. Transp Porous Media 85(2):619-639

White JA, Chiaramonte L, Ezzedine S, Foxall W, Hao Y, Ramirez A, McNab W (2014) Geomechanical behavior of the reservoir and caprock system at the In Salah CO_2 storage project. Proc Natl Acad Sci 111(24):8747-8752

Wilkinson D, Willemsen JF (1983) Invasion percolation: a new form of percolation theory. J Phys A: Math Gen 16(14):3365

Wilkinson M, Haszeldine RS, Fallick AE, Odling N, Stoker SJ, Gatliff RW (2009) CO_2-mineral reaction in a natural analogue for CO_2 storage—implications for modeling. J Sediment Res 79(7):486-494

Williams GA, Chadwick RA (2017) An improved history-match for layer spreading within the Sleipner plume including thermal propagation effects. Energy Procedia 114:2856-2870

Yortsos YC (1995) A theoretical analysis of vertical flow equilibrium. Transp Porous Media 18(2):107-129

Zhou D, Fayers FJ, Orr FM Jr (1997) Scaling of multiphase flow in simple heterogeneous porous media. SPE Reservoir Eng 12(03):173-178

Zhou Q, Birkholzer JT, Tsang CF, Rutqvist J (2008) A method for quick assessment of CO_2 storage capacity in closed and semi-closed saline formations. Int J Greenhouse Gas Control 2(4):626-639

Zoback MD (2007) Reservoir geomechanics. Cambridge University Press, Cambridge, 449 p

Zoback MD, Gorelick SM (2012) Earthquake triggering and large-scale geologic storage of carbon dioxide. Proc Natl Acad Sci 109(26):10164-10168

Zweigel P, Arts R, Lothe AE, Lindeberg EB (2004) Reservoir geology of the Utsira Formation at the first industrial-scale underground CO_2 storage site (Sleipner area, North Sea). Geol Soc Lond Spec Publ 233(1):165-180

03 Chapter

이산화탄소 지중저장
프로젝트의 설계

Chapter 03
이산화탄소 지중저장 프로젝트의 설계

CO_2 주입 프로젝트를 실제로 설계하고 개념설계 단계에서 실행 단계로 진행시키는 것은 대규모 과업이긴 하지만 잘 알려진 업무 관행에 따라 진행되는 작업이기도 하다. '석유시대'(그림 1.1)를 지나는 동안 인류는 약 6만여 개의 석유/가스전에서 수백만 개의 생산정을 시추하여 개발해 왔으며 이로 인해 생산정과 저류공학에 대한 업무절차들을 잘 확립할 수 있었다. 이를 기반으로 수행한 초기 선구적인 CO_2 지중저장 프로젝트들에서 얻은 통찰들을 간단히 소개함으로써 CO_2 저장 프로젝트를 설계하는 데 필요한 중요한 측면들을 살펴보고자 한다. 현재는 소규모인 CO_2 폐기 산업이 전 세계적으로 더욱 활성화되어 향후 이 주제가 더 자세하게 다루어질 수 있었으면 한다.

3.1 주입정 설계

주어진 주입 목표를 충족시키기 위해서는 주입정을 설계, 굴착, 운영하는 것이 필수적이다. 석유산업의 유정 설계에서 발달되어 온 일반적인 원칙들이 적용될 수 있다고 가정한다면, 다음과 같이 CO_2 저장에 특화된 주요 이슈들에 초점을 맞추어야 한다.

- 주입정 설계
- 주입정 배치
- 주입성
- 주입정 온전성

중요한 질문은 주입정 설계 시 다음 사항을 어떻게 보장할 것인가이다.

- 안전한 운영
- 지속적인 용량
- 운영 측면의 신뢰성

비록 석유/가스 산업에서는 수백만 개의 생산정과 수십만 개의 물/가스 주입정으로부터 운영 경험을 축적하였지만 CO_2의 주입에 대한 경험은 아주 제한적이다. 미국과 캐나다 등지의 석유 저류층에서 CO_2 기반의 증진회수법을 위해 대략 수만 개의 주입정이 사용되었지만, CO_2 저장만을 위한 주입정은 고작 수십 개에 지나지 않는다. CO_2를 사용한 증진회수법에서 얻은 운영측면의 경험은 공개적으로 검토되어 왔으며(Bachu and

Watson, 2009), Michael 등(2010)은 파일럿 및 상업적 프로젝트에서의 CO_2 주입에 대해 유용한 리뷰를 발표하였다. 이 장에서는 (CO_2 기반 증진회수 프로젝트의 경험이 깊이 연관되어 있다는 것을 부정할 수는 없지만) 대염수층을 목표로 하는 CO_2 주입정에 대해서만 고려할 것이다.

CO_2 주입정과 관련하여 초기의 경험에서 도출한 주요 주제들은 다음과 같이 네 가지 테마로 요약할 수 있다.

- 저류층 불균질성 효과: 유체투과도가 예상보다 낮거나 저류층 내 불투수 장벽이 있는 경우
- 암석역학적 효과: 안전한 공저 주입압력을 결정하고 그 주입압력에 암석시스템이 어떻게 반응하는지에 대한 이해
- CO_2-염수 간 반응: 특히 부식과 침전반응의 가능성
- 열역학적 효과: 주입한 CO_2가 저류층보다 온도가 높거나 낮을 때 발생하는 현상

이에 대해 역사상 첫 상업적 해상 CO_2 주입정인 Sleipner 주입정(15/9-A16)의 설계안을 다시 살펴볼 필요가 있다(그림 3.1). 그 주입정의 주요 설계 요소는 다음과 같다.

- 가스생산 플랫폼과 멀리 떨어진 저장 구조의 덮개암 아래 도달하기 위한 원거리 수평정(목표구간 진입 각도 83°)
- 심도 1,010m 지점 주입구간의 상단부에 38m의 천공작업(원설계안의 주입정 완결 길이인 100m보다 짧음)
- 표준 스테인리스강(Duplex 등급) 사용(단, 부식방지를 위해서 7" 주

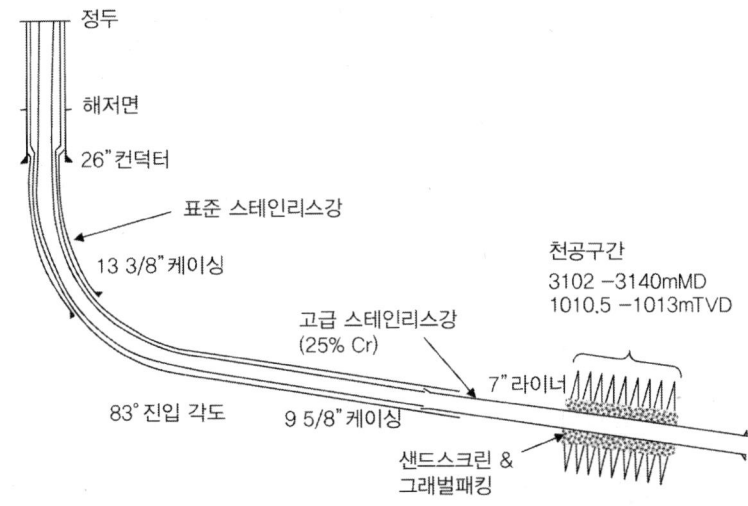

그림 3.1 Sleipner CO_2 주입정(15/9-A16) 설계 개요(Hansen 등(2005)에서 재구성)

입튜빙과 9 5/8" 케이싱에 25% 크롬의 고급 스테인리스강 사용)

이 주입정은 초기 주입성에 대한 문제에도 불구하고 20년 넘게 매우 안정적으로 작동하고 있다(2.6절 참고). 장기간의 운영 안정성을 보장하기 위해서는 적절한 품질의 금속재료를 선택하는 것이 중요하다는 것을 증명해주는 사례이다.

이후의 프로젝트들(Snøhvit, In Salah, Quest)에서는 유사한 설계를 바탕으로 주입정을 다양한 형태로 배치하는 설계로 발전시켜 왔다. Snøhvit 와 Quest 프로젝트에서는 수직정과 경사정이 사용되었으며 In Salah 프로젝트에서는 수평정이 사용되었다.

주입정의 궤도는 목표한 지층에 대한 접근성과 충분한 주입성을 모두 고려하여 설계해야 한다. 주입성은 유체투과도와 주입구간의 두께에 비례하므로(보통 'k · h곱' 또는 'kh'로 간단히 표현됨) 유체투과도가 낮은 지층에서는 충분한 kh를 확보하기 위해 더 긴 주입구간이 필요하다.

    In Salah 프로젝트에서는 유체투과도가 낮은 사암층(10md 이하)에서 자연 균열을 교차하며 주입성을 충분히 확보하는 방안으로 원거리 수평정을 설계하였다(Wright et al., 2009; Ringrose et al., 2013). 반면 Snøhvit 프로젝트는 첫 번째 주입정으로 수직정을 뚫어 다수의 사암층을 통과할 수 있도록 하였다(Hansen et al., 2013). 주입정의 배치는 전적으로 부지 특성에 의해 결정되지만 CO_2 주입정이 유가스전의 유정과 가장 다른 점은 주입구간의 심도이다. 유가스전의 생산정은 유체의 부력을 최대로 활용하기 위해 보통 가장 높은 구간을 목표로 하며 물 주입정은 저류층의 하부구간에 위치시킨다. 이에 반해 CO_2의 주입 프로젝트에서는 CO_2를 가장 깊은 지층에 주입하여 천천히 상승하며 여러 지층으로 이동하도록 하는 것이 훨씬 더 유리하다. 이는 마치 지질학적 시간대를 거쳐 유가스전에 탄화수소가 채워지는 메커니즘과 같다. 이와 같은 이유로 Sleipner 프로젝트에서는 층층이 쌓인 상부 사암층을 모두 활용하기 위해 Utsira 사암층의 하부에 단일 수직정으로 주입하는 방안을 선택한 것이다(2.5.4절 참고). 주입정의 배치에 대해서는 여러 대안(그림 3.2)이 가능하지만, 본질적으로 양질의 사암(또는 탄산염암)을 목표로 하여 주입성을 최적화하고 대수층의 염수 속에서 CO_2가 상승하며 이동하도록 주입정의 위치와 주입구간의 각도를 설계한다.

    주입정 설계에서 시멘트 요소를 고려하는 것은 중요하다. 케이싱을 잘 고정시키기 위해서는 적절한 시멘트를 사용해야 하고 공벽과 케이싱 사이에 시멘트를 정확히 위치시켜야 하기 때문이다. 주입정 설계에서 이러한 측면은 주입정 온전성 부분에서 다시 논의될 것이다(3.5절). 다만 주입정 설계에서 고려사항을 요약하자면 전체적으로는 석유개발 산업에서

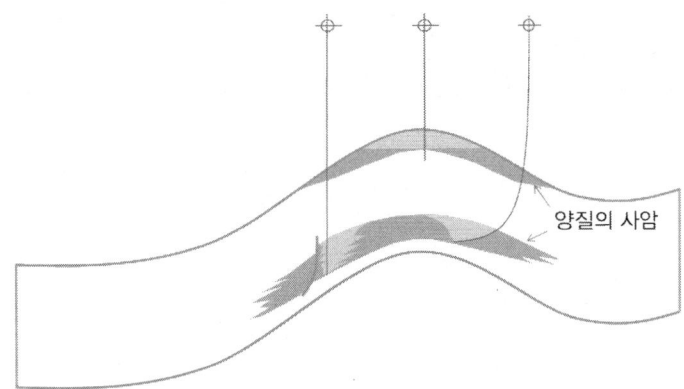

그림 3.2 주입정 배치에 대한 다양한 대안을 설명하는 개요도

검증된 표준 시추공 설계의 모범 사례를 적용하되 다음과 같이 CO_2 고유의 특성 또한 설계에 반영하여야 한다.

1. 주입정은 주입성과 저장매질의 활용성을 모두 최대화하도록 배치해야 한다. 보통 투수층의 하단부 쪽으로 주입한다.
2. 튜빙과 케이싱의 노출부분에는 일반적인 표준 시추공보다 부식에 강한 스테인리스강 또는 고크롬강을 사용해야 한다.
3. 포획의 장기 저장성을 담보할 수 있도록 시멘트를 잘 위치시키는 방안이 주입정 설계에 반영되어야 한다.

3.2 이산화탄소의 열역학과 운송

CO_2의 상거동을 이해하는 것은 CO_2 저장 운영을 위한 기본이다. CCS를 포함하는 전체적인 개념은 인간의 활동에서 생성된 CO_2를 저장(또는 폐기)

하는 것으로 대기조건에서 가스상태로 존재하는 CO_2를 지하 심부에 액체상태나 고밀도상태로 저장하는 원리이다. 이러한 상변화에 의해 지상에서보다 CO_2의 부피를 줄임으로써 공극 공간을 효과적으로 활용한다(그림 2.1). 액체 CO_2는 무색(지상상태에서는 물과 비슷)이며 물보다는 밀도가 낮고(물에 뜨는 오일과 유사) 물이나 오일에 비해 점성도가 낮아 마치 가스와 같이 유동한다. 액체상태나 초임계상태(고밀도상태라고도 불린다)의 CO_2는 일상생활에서 흔히 접할 수 있는 물질이 아니지만 지하에서는 자연적으로도 발생하는 물질이다(지구상에는 자연발생한 액체나 고밀도상태의 CO_2 화합물들이 존재한다).

실제 CO_2의 운송과 주입 프로젝트에서 CO_2를 다루기 위해서는 상거동도(그림 3.3)를 이해할 필요가 있다. 포획공정(1.5절 참고) 이후 CO_2를 주입현장으로 운송하기 위해서는 압축하여야 한다. Snøhvit 현장을 예로 들면, CO_2는 육상 처리시설에서 80bar 이상으로 압축되어 액체상태로 150km의 파이프라인을 통해 운송되어 액체상태를 유지하며 약 140bar의 압력으로 지상 주입정 입구인 정두(Wellhead)로 유입된다. 공저상태(2,400m 심도에서 350 bar의 압력)에서 CO_2는 저류층으로 흘러들어간 뒤 임계점 이상으로 온도가 올라감에 따라 고밀도상태로 변화한다. 95°C 이내의 초기 저류층 온도로 인해 저류층매질로 유동하며 CO_2는 50°C 정도 온도가 상승한다. 이 프로젝트의 더 자세한 기술에 대해서는 Maldal과 Tappel(2004)이나 Hansen 등(2013)을 참고할 수 있다.

Sleipner CCS 프로젝트에서 주입정 상단의 압력은 Snøhvit에 비해 주입지층이 더 얕기 때문에(심도 1,000m) 약 62bar 정도로 더 낮다. Sleipner 지상 가스처리시설에서 약 25°C였던 CO_2는 정두에서 기화점에 가까워져

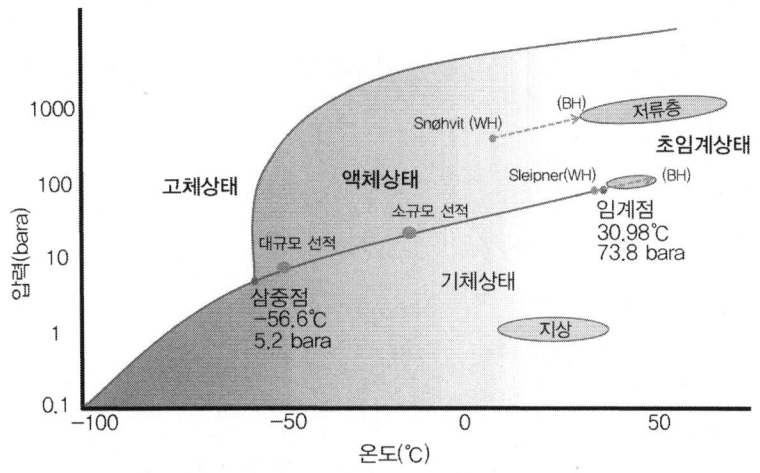

그림 3.3 CO_2 지중저장 운영 과정에서 나타나는 전형적인 거동경로와 조건들을 설명하는 CO_2 상평형도. Sleipner와 Snøhvit의 대략적인 정두(WH; 지상조건)와 공저(BH; 지하조건) 상태를 표시함

2상유동 상태로 존재한다(Eiken et al., 2011; Lindeberg 2011).

주입정에서 온도와 압력이 증가함에 따라 CO_2는 고밀도상태로 변화하여 저류층에 존재하게 된다. 공저온도는 약 48°C로 추정되나(측정된 값은 아님) CO_2가 사암 저류층으로 이동하며 냉각되어 35°C 정도로 낮아진다. Sleipner의 다층 저류층에서 CO_2 거동은 매우 복잡하며 온도와 유동 관련 인자에 의해 결정된다(더 자세한 분석은 다음 논문들을 참고: Boait et al., 2012; Singh et al., 2010; Williams and Chadwick, 2017).

선박(도로 또는 철도)에 의해 CO_2를 운송하는 경우 CO_2는 증기압곡선 상에 유지되도록 압축해야 한다(그림 3.3). 더 작은 규모의 선적에서는 그보다 더 높은 온도 및 압력 상태를 선택하는 경향이 있다(예: 1,000~2,000톤 선적의 경우 온도 20°C 및 압력 20bar 상태). 그러나 큰 탱크를 이용한 대규모 선적의 경우에는 압력이 감소되어야 하므로 CO_2를 영하 45°C로 냉각시켜야 한다. 저장부지에서 주입 시에는 CO_2를 추가로 더 압축하여 주입정 상단에서 요구하는 압력까지 도달하도록 한다. CO_2 저장 프로젝트 운영 시 운송과 지상처리 방법은 이미 개발된 기술을 사용하지만 상거동에 대한 깊은 이해는 필수적이다. 실제 포획된 CO_2 스트림은 소량의 불순물(CH_4, H_2S, H_2O)을 포함하고 있어 정확한 상거동의 예측을 더욱 어렵게 하기 때문이다(De Visser et al., 2008; Chapoy et al., 2013).

CO_2 운송과 저장시스템에 대한 상세설계를 위해서는 상거동을 계속 추적하고 구체적인 평가를 가능하게 하는 상태방정식(EOS; Equation of State)이 필요하다. 상태방정식은 열역학적 이론과 실험을 바탕으로 만들어졌으며 물질 또는 혼합물의 특성을 설명하는 데 기준이 되는 함수이다. CO_2의 상태방정식으로는 다음과 같이 여러 가지 옵션들을 사용할 수 있다.

- Peng-Robinson과 Soave-Redlich-Kwong은 널리 사용되는 3차 상태방정식이다. 이는 상대적으로 간단하여 모델링 패키지에서도 널리 적용되고 있다(CCS 공정을 다루는 다른 3차 상태방정식에 대한 논의는 다음 논문을 참고할 수 있다: Li and Yan, 2009).
- Span과 Wagner(1996)는 더 정교한 방법을 제안하였지만 CO_2에 적용하기에는 너무 까다롭기 때문에 시스템의 더 상세한 거동이나 복잡한 혼합물의 평가에 한해서 이 방법이 사용된다(Span et al., 2013).

CO_2 처리시스템의 설계를 위해서는(특히 CO_2의 압축) 압력-엔탈피 버전의 CO_2 상거동도를 사용하는 것이 중요하다(압축에 대해서는 CO_2 저장 프로젝트에서 가장 큰 에너지를 필요로 하는 요소라는 점만을 이 책에

서 다룬다). 지금까지 CO_2의 열역학적 요소를 요약하였으며 초기 CCS 개척자로부터 배운 교훈을 언급하며 이 절의 내용을 결론지으려 한다.

- 모든 프로젝트에서는 상거동에 대한 깊은 이해가 필요하다. 단지 전체 시스템의 설계뿐만 아니라 운영 시 발생하는 문제들에 대처하기 위해서도 필요하다. 유량 변동과 열효과는 CO_2 스트림의 특성에 심각한 변화를 유발할 수 있다(주입정과 저류층 내부 모두에서).
- Snøhvit 프로젝트의 경험에 따르면 CO_2 스트림에서 물함량의 감소(100ppm 미만)는 부식방지 차원에서는 바람직하겠지만, 이로 인해 저류층에서 염침전 현상이 유발될 수도 있다(Hansen et al., 2013). 실제 수분제거 작업 시에는 적절한 수준을 도출하기 위한 절충과정이 필요하다.
- CO_2 스트림에서 불순물은 소량이라도 상거동에 상당한 영향을 미칠 수 있다. 예를 들면, 주입 스트림에서 단 몇 퍼센트의 CH_4(Sleipner 프로젝트에서 발생, Eiken et al., 2011)라도 임계점이나 끓는점을 일부 변화시킬 수 있다.
- 예상치 못한 누출 발생이나 계획/미계획된 운영중단 시 주입정과 파이프라인을 어떻게 작동할 것인가 등 운영 시 발생하는 많은 문제들에 대한 우려가 있다.

그러나 이러한 운영측면의 문제에 대해 50여 년간 주입정과 파이프라인에서 CO_2 스트림을 다루어왔던 경험(Eldevik et al., 2009; Johnson et al., 2011)을 바탕으로 CO_2 운송 및 처리 시스템의 안전한 운용작업에 대한 지침이 광범위하게 작성되어 있다.

3.3 저장소 관리체계

지금까지는 CO_2 지중저장이 이미 확립되어 검증된 기술로서 지구대기 보호와 기후변화 해결의 관점에서 추구해야 하는 활동이라는 논지로 전개되어 왔다. 다음으로는 CO_2 지중저장 프로젝트를 제안하거나 계획할 때에 '만약에 어떻게 될 것인가'라는 예상질문에 대해 토론할 필요가 있다.

- 만약 지중저장 부지에서 누출이 발생한다면 어떻게 될 것인가?
- 주입된 CO_2 플룸이 계획된 부지의 외부로 누출되는 시간이 예상보다 빠르다면 어떻게 될 것인가?
- 압력이 균열발생압력 이상으로 상승하여 균열이 발생하고 그에 따라 누출이 발생할 수 있을 것인가?
- 주입으로 인해 지진이 유발될 수 있을 것인가?

이는 쉽게 답할 수 있는 질문들이 아니지만 타당한 근거로부터 질문에 접근하는 것은 중요하다. 섣부른 추측은 도움이 되지 않기 때문에 각 프로젝트의 처리공정이나 위험성에 대한 주의 깊은 분석을 통해 실용적인 결론에 도달할 수 있어야 한다. 결국 실제 저장소는 허가를 취득해야 하며 법을 준수하면서 운영되어야 한다. CO_2 저장소 관리에 대해 법률적 측면과 물리적 측면을 검토할 것이지만, 그전에 가장 근본적인 문제인 위험성에 대해 확실히 이해할 필요가 있다. CO_2 저장소를 운영하는 것에는 어느 정도의 위험성이 따를 수밖에 없다는 것을 인정한다면, 그것이 과연 '수용 가능한 수준'인지가 쟁점이 된다. 수용가능한 위험성 수준 여부는 다음의 몇 가지 방법으로 평가할 수 있다.

- **기후보호 논거**: CO_2를 대기보다 심부 지층에 위치시키는 것이 더 안전하고 유리하다. 이것은 명확히 근본적인 논거이다. 그러나 기후보호에 대한 법률적, 재무적 지원이 없다면 기후보호를 위한 노력은 자발적으로는 그리 많이 이루어지지 않을 것이다.
- **법률적인 논거**: CO_2 지중저장 프로젝트가 시행중인 제도협약에 부합하고 심각한 변칙이 발생하지 않는 한 그 위험성은 수용가능하다. 우리는 도로교통이나 유전운영과 같은 활동들을 허가해 왔다. CO_2 지중저장 또한 법률 안에서 사회적으로 합의된 안전 수준의 범위 내에서 운영될 수 있는 활동이다.
- **경제성 논거**: CO_2 대기 배출의 비용(탄소 가격)이 있고 CO_2를 배출하지 않는 것에 대한 재무적인 이익이 존재한다고 가정한다면 결론적으로 CO_2 저장은 가치가 있다. 이러한 활동의 가치가 높을수록 수용가능한 위험성 수준도 높아질 것이다.

실제적으로, CO_2 저장 프로젝트를 성공적으로 진행하기 위해서는 위의 세 가지 논거를 모두 검토해야 한다. 이익이 있어야만 어느 정도 수준의 위험성을 수용할 수 있을 것이다. 지금까지 성공한 지중저장 프로젝트는 법률적 또는 재무적 프레임워크가 존재하는 국가(노르웨이, 캐나다, 미국,

오스트레일리아)의 관할 내에서 이루어졌다.

CO$_2$ 지중저장에 대한 법률적 프레임워크의 중요한 예로 **이산화탄소 지중저장에 관한 유럽 지침**(European directive on the geological storage of carbon dioxide; EC, 2009)을 들 수 있다. 여기서는 CO$_2$를 격리 저장하는 지질시스템을 의미하는 '저장 복합체'에 대해 다음 개념들을 채택하고 있다.

- 저장부지와 저장 복합체에 대한 3차원 지구 모델을 수립하기 위한 **충분한 자료**가 수집되어야 한다. 여기에는 덮개암과 수리학적으로 연결된 주변 영역까지 포함되어야 한다.
- **누출**은 '저장 복합체' 외부로의 CO$_2$ 배출로 정의된다. **심각한 이상징후**는 주입과 저장운영 상태에서 또는 '저장 복합체' 그 자체 상태에서의 이상을 의미한다. 이것은 누출의 위험성이나 환경 또는 건강에 대한 위험성을 내포한다.

지침에서 자주 언급되지만 **저장 복합체**의 정의는 특정 프로젝트마다 각각 정의될 수 있도록 다소 유연하게 열려 있다(그림 3.4에 저장 복합체의 의미를 도식화). 이는 저장성과 부합성을 설명하는 데 필수적인 저장체, 차단체, 폐쇄구조를 포함하는 지질학적 영역이다. 법률적 프레임워크에서 보자면, **저장 복합체** 외부로의 누출 위험성이나 그로 인한 환경 또는 건강의 위험성을 내포하는 **심각한 이상**이 발생하지 않아야 한다.

이러한 위험성을 상세하게 평가하는 것은 다음과 같은 활동을 포함한다.

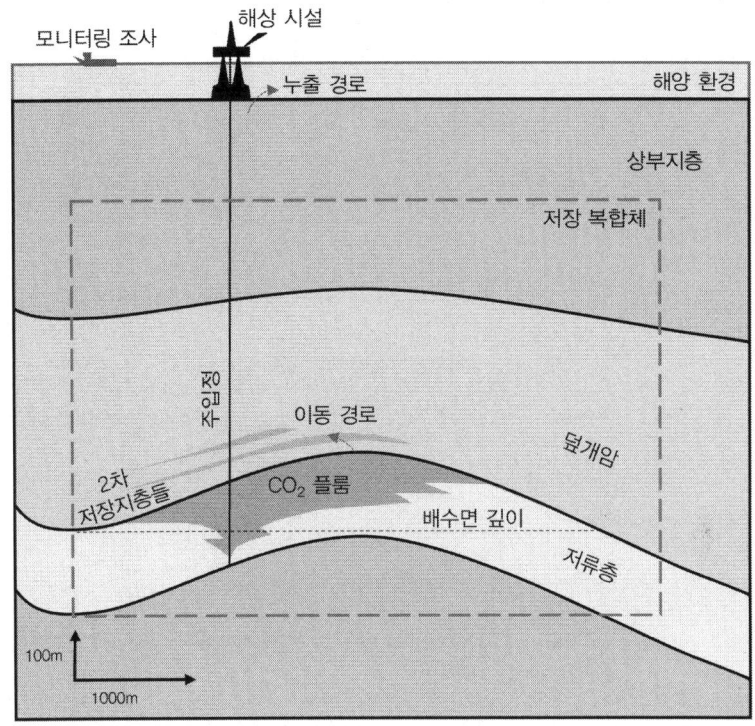

그림 3.4 해상 저장 환경에서 저장 복합체가 무엇을 의미하는지 요약한 개념도. 누출은 저장 복합체 밖으로의 CO_2 흐름을 의미하는 반면, 이동은 저장 복합체 내에서 CO_2 흐름을 의미함

1. 저장부지에 대한 적절한 특성화
2. 저장된 CO_2가 저장부지에서 어떻게 확장될 것인지에 대한 모델링 및 평가
3. 위험성을 평가하고 정량화하는 방법
4. 수용가능한 위험성 수준에서 프로젝트 진행여부의 결정

CO_2 지중저장에 따른 위험성 평가와 관리에 대해 Pawar 등(2005)의 리뷰에서는 다음과 같이 정리하고 있다. 적절하게 특성화되어 허가된 시

스템에 대한 위험성은 극단적으로 낮아야 하며, 충분한 프로젝트 경험과 전 세계적으로 성숙한 프로젝트에서 시행 중인 위험성 평가 절차가 구비되어 있어야 한다. 프로젝트를 실패로 이끄는 더 잦은 원인은 기술적 위험성이 아니다. 기술적 위험성은 상대적으로 작고 관리 가능하기 때문이다. 다시 말하자면, CO_2 지중저장으로 이익을 창출하지 못한 시장의 실패나 이러한 이익에 대해 충분하게 소통하지 못해 발생하는 위험성이 더욱 지배적이라 할 수 있다.

그럼에도 불구하고 안전한 운영과 관리에 대해 '만약에 어떻게 될 것인가?' 식의 예상질문을 다루는 것은 물리적인 처리과정의 이해를 확립하고 초기 프로젝트로부터 얻은 교훈을 설명하는 데 도움이 된다.

CO_2 주입 프로젝트와 유가스전 생산 프로젝트의 주요한 차이점은 CO_2 저장에는 더 적은 수(1~2개의 주입정)만으로도 저장영역(주입정으로부터 다소 떨어진) 내에 잔류하게 되는 CO_2의 양에 대해 어느 정도의 신뢰수준이 보장되어야 한다는 것이다. 오스트레일리아의 Otway 프로젝트나 독일의 Ketzin 프로젝트와 같은 초기 연구용 파일럿 프로젝트에서는 CO_2가 지하에서 어떻게 거동하는지를 확인하기 위해 관측정을 뚫었다. 그러나 일반적인 대규모 상업용 프로젝트에서는 관측정 수를 최소화할 필요가 있어서 원거리 탐사나 모델링 기법에 의존하게 된다. 유체유동 모델링과 지구물리/지구화학적 모니터링을 조합하는 방법이 해당 저장소에 대한 신뢰를 확보하기에 충분해야 한다. 다음 절에서는 주로 모니터링 방법에 집중하면서 CO_2 플룸과 이로 인한 압력의 변화과정을 이해하고 모델링하는 데 필요한 실무방법에 대해 간단히 소개할 것이다.

3.4 이산화탄소 저장현장의 거동 예측 방법

3.4.1 물리학을 이용한 저장된 이산화탄소 규모 평가

CO_2 지중저장 프로젝트의 영향을 받는 영역의 대략적인 범위는 Nordbotten 등(2005)이 제안한 방법으로 계산한 플룸의 확산에 대한 추정값으로 신속하게 파악할 수 있다. 수평 대수층에서 점성 지배적인 유동을 가정하고 2.4.4절에서 소개한 식 2.13을 이용하면 주입된 CO_2 부피에 해당하는 플룸이 지하에서 차지하는 최대 수평방향 크기(r_{max})를 예측할 수 있다. 즉, 1Mt의 CO_2가 30%의 공극률을 가진 50m 두께의 대수층에 주입되었을 때 r_{max}를 예측한 결과에 따르면(그림 3.5), 유동도비가 일반적인 값인 4일 경우 수평으로 퍼져나간 플룸의 반지름은 대수층 두께의 11배 정도인 550m로 예측할 수 있다. 중력효과를 적용한다면 플룸의 확산정도가 다소 증가할 수 있지만 원리는 동일하다.

2008년 시점에서 10.56Mt이 주입된 Sleipner 프로젝트에서 이 원리를 적용하면 플룸의 최대 반지름은 대수층 두께 190m의 약 18배인 3.4km 정

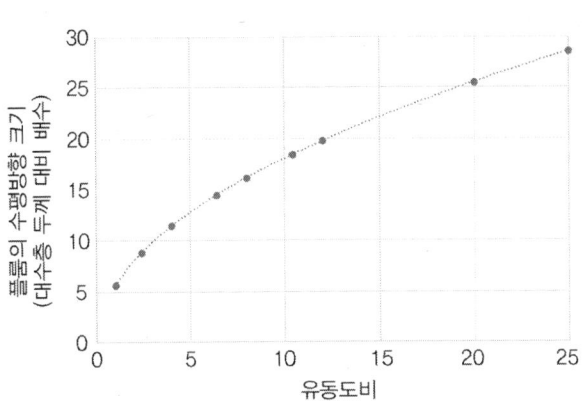

그림 3.5 50m 두께의 대수층에 1Mt의 CO_2주입 시 유동도비에 따른 플룸의 확산정도

도로 예측할 수 있다. 2008년 탄성파탐사로 관측된 플룸의 r_{max}(그림 2.23)는 주입지점에서 북쪽방향으로 약 2.8km였다. 이것은 이론적인 추정값이 적절한 규모의 범위 내에 존재한다는 것을 보여준다. 그러나 실제 플룸은 다수의 층을 이루면서 훨씬 복잡하게 존재하므로 국부적인 폐쇄구조들과 수직적 이동통로의 위치에 따라 거동은 달라질 수 있다(Furre et al., 2009).

Bickle 등(2007)은 중력에 의해 유동하는 경우에 대하여 CO_2의 플룸을 예측하는 해석적인 방법을 제안하였다. 일정한 주입유량에 대해서 CO_2 층의 반지름은 시간의 제곱근에 반비례한다는 것이다. Williams 등(2018)은 Sleipner 프로젝트 플룸 사례에 대해 해석적 방법과 다양한 유동 시뮬레이션(블랙-오일[1]/컴포지셔널 모델[2])의 결과를 비교하였으며 그 결과들은 탄성파탐사의 관측결과와 서로 일치함을 보여주었다.

따라서 해석적인 방법은 플룸 규모의 범위를 빠르게 예측하는 데 유용하다. 그러나 더 면밀한 평가를 위해서는 현실을 반영한 지질모델과 함께 유체 특성(원위치 상거동)과 저류층시스템(다양한 석유물리학적 특성을 가진 유동매질) 사이의 복잡한 상호작용을 고려할 수 있는 유동 시뮬레이션이 필요하다.

3.4.2 유동 시뮬레이션을 통한 이산화탄소 거동 예측

지질학적으로 현실성 있는 현장 특화된 프로젝트 설계를 위해서는 유동

---

[1] **역주:** 유동 시뮬레이션에 활용되는 유체의 특성이 압력에 의해서 결정된다고 단순화한 모델

[2] **역주:** 유동 시뮬레이션에 활용되는 유체의 특성 계산 시 온도, 압력조건뿐만 아니라 유체의 조성까지도 고려하는 모델

시뮬레이션 방법을 이용하여 플룸의 발생가능한 팽창 시나리오들을 평가하여야 한다. 유가스전 개발을 위한 다상유동 시뮬레이션이 다수의 교과서(Peaceman, 2000; Fenchi, 2005)에서 다루어지며 이미 확립된 기술인 것과 마찬가지로, 이 접근방법을 CO_2 지중저장 시뮬레이션에 대해서 적용하는 기술도 충분히 성숙되어 있다고 할 수 있다(2.5절에서 논의). 여기서 우리는 CO_2 지중저장 프로젝트 설계의 일부분으로서 저류층 시뮬레이션 기법을 적용하기 위한 통찰에 초점을 둘 것이다.

유가스전 개발에 사용되는 저류층 시뮬레이션 방법을 CO_2 저장 문제에 적용할 때 나타나는 주요 차이점은 아래와 같다.

1. CO_2 주입 프로젝트는 보통 극소수의 자료취득정에서 시작하며, 한정된 자료만을 사용하여 주입정으로부터의 CO_2 거동을 예측하여야 한다. 유가스전 모델링과 대조되는 점은 종종 다수의 관측정에서 측정된 값을 이용하여 히스토리매칭을 수행한다는 것이다.
2. 점성도가 낮은 유체(CO_2)를 높은 유체(염수)에 주입하면, 두 유체의 유동도비가 커져서 거동을 예측하기 어려운 핑거링 현상[3]이 발생한다. 그나마 이러한 초기의 불안정한 유동 형태가 중력에 기인한 분리작용으로 재빨리 안정화되는 측면이 있지만 그럼에도 유동을 정확하게 예측하는 것은 여전히 어려운 일이다.
3. 저장지층 내 다상유동에서 CO_2 상의 특성은 (특히 임계점 부근의

---

[3] 역주: 불균질한 저류층에서 주입유체와 저류층 내 유체의 유동도비가 커서 주입된 유체의 진행정도(Sweep)가 위치에 따라 달라 단면의 양상이 손바닥의 손가락들처럼 들쭉날쭉하게 나타나는 현상(Fingering)

얕은 주입위치에서는) 원위치 압력과 온도에 따라 변화한다(3.2절의 Sleipner 프로젝트).

바로 이러한 환경이 CO_2 지중저장의 거동 예측이 유가스전에서보다 더욱 어려운 이유이다. 보통의 경우, 사용가능한 지하정보가 적은 상태에서도 특성이 불확실한 유체의 불안정한 거동을 예측해야 한다. 그러나 이러한 총체적인 어려움에도 불구하고 초기의 프로젝트들을 통해 불확실성이 평가되는 한 CO_2의 거동을 예측하는 것이 가능하다는 것을 알게 되었다. CO_2 지중저장 프로젝트에서 유동 시뮬레이션은 결국 '예측된 거동'과 가능한 '결과물의 범위'를 이해하는 목적으로 전망하는 활동이다.

Sleipner, In Salah, Snøhvit의 세 가지 대규모 지중저장 프로젝트에 대한 리뷰에서 Eiken 등(2011)은 실제 CO_2 플룸의 발달은 미처 예측하지 못한 지질학적 인자들에 의해 전적으로 좌우된다는 것을 지적하였다. 이 지질학적 인자들은 주입기간 동안의 관측자료(특히 탄성파탐사 자료)로부터 비로소 알게 된 것이다. 이러한 통찰은 사람들이 초기에 CO_2 지중저장의 논리로 여기던 인식, 곧 ① 먼저 적절히 부지를 특성화하고 ② '계획에 따라' 저장과정이 진행되는지 단순히 관측만 하면 된다는 인식의 변화를 가져왔다. 지금까지의 프로젝트 경험은 프로젝트 설계 시 상호작용의 필요성에 대해 명확히 지적한다. 현장 관측자료는 유체의 포화도와 압력을 관측하는 데 사용될 뿐만 아니라 저류층 모델에 대해 학습하고 이를 업데이트하는 데에도 사용되어야 한다는 것이다.

지질모델에 대한 피드백을 통해 지속적으로 동적 저류층 모델을 업데이트하는 상호작용적 방법은 사실상 모든 분야(유가스전, 지하수자원,

CO_2 지중저장)에서 발전되어 온 지하 모델링 방법과 일치한다. 이러한 경향을 설명하며 Bentley와 Ringrose(2017)는 의사결정을 중심으로 민첩하고 상호작용적이며 빈번한 업데이트가 가능한 작업흐름을 활용할 것을 주장하였다.

따라서 지중저장된 CO_2의 유동을 예측하기 위한 유동 시뮬레이션에는 의사결정에 따른 특정 목적 달성에 대한 현실적인 프레임워크가 있어야 한다. 이를 위해 언급되는 주요 목적과 질문은 아래와 같다.

- **프로젝트가 미치는 전체적인 영향에 대한 이해**: 플룸은 얼마나 멀리까지 확장될 수 있는가? 여기서 해석적 접근법은 1차 근삿값을 구하는 데 사용되고 유동 시뮬레이션은 예상되는 거동에 대한 평균과 분산을 계산하는 데에 집중되어야 한다.
- **프로젝트 한계에 대한 이해**: CO_2가 프로젝트의 주요 경계(배수면, 광권 경계)로 이동할 가능성은 얼마나 되는가? 압력 한계점(균열발생압력과 관련하여 허용되는 최대 압력)에 도달하는 시점은 언제인가? 이러한 질문들은 합리적인 위험의 맥락(물리적 근거가 있는 기준을 초과하는 시나리오들)에서 특정 사례의 시나리오별 모델링을 통해 더 잘 다룰 수 있다.
- **주입 계획과 전략의 최적화**: 저장 대상의 다양한 지질학적 구조와 공극 공간을 최적으로 사용한다는 관점에서 저장 목표를 확실히 달성하기 위해 주입정의 배치와 주입유량은 어떻게 최적화할 것인가?

이 모든 목표를 달성하기 위해서는 주입 중에 취득한 새로운 모니터링 데이터에 따라 주입 계획을 업데이트하고 수정할 수 있는 기능이 예측 방법의 필수적인 부분으로 포함되어야 한다.

2.5.4절에서는 Sleipner 프로젝트의 CO_2 플룸 모델링 연구들을 검토하여 다음의 두 가지 일반적인 관찰결과를 도출하였다.

- Sleipner 프로젝트에서 다층에 존재하는 플룸의 복잡성에도 불구하고, 전체 플룸이 거동한 흔적은 초기 예상과 일치한다. 플룸은 프로젝트에서 목표로 한 폐쇄구조 속에 머무르고 있다(Zweigel et al., 2004).
- 우수한 탄성파 영상화 데이터세트는 유동 시뮬레이션 적용기술을 상당히 향상시켰다. Williams 등(2008)은 Sleipner에서의 실제 플룸의 거동을 설명하는 다수의 유동 시뮬레이션 모델을 평가하였는데, 각 모델들은 수치해석 방법의 구현, 격자 생성과 상태방정식의 불확실성과 관련된 사소한 차이가 있었으나 그 차이는 모니터링 불확실성보다 작았다.

이 경험은 향후 저장 프로젝트에서 훨씬 더 큰 신뢰도를 제공할 것이다. 즉, 합리적인 불확실성 내에서 플룸의 거동을 예측하는 것이 가능하다는 것이다. 그러나 정확한 예측은 기대할 수 없으며, 정기적인 모니터링 데이터의 피드백을 기반으로 모델을 업데이트하는 상호작용적 모델링 방식이 CO_2 저장 프로젝트 추진에 적합한 방법이다.

저류층 유동 시뮬레이션을 사용한 예측의 장점은 Snøhvit(Tubåen 지층) CO_2 주입을 모델링한 두 가지 시나리오(그림 3.6)를 비교한 사례에서 잘 드러난다(Nazarian et al., 2013). 이 연구의 목적은 Snøhvit에서 실제로

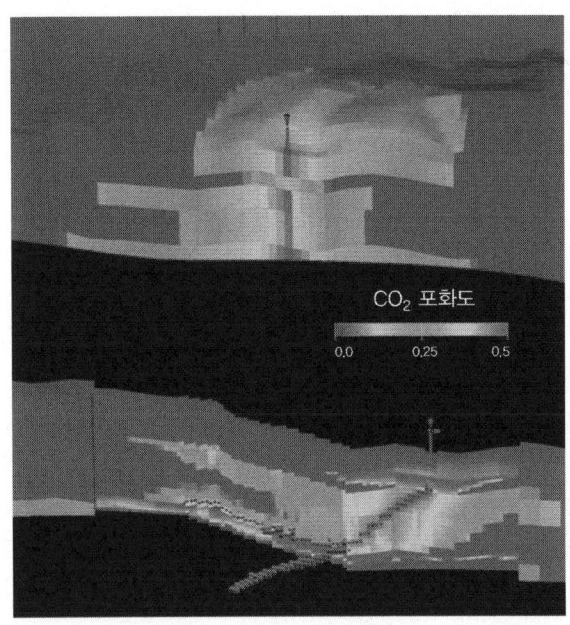

그림 3.6 Snøhvit 프로젝트(Tubåen 저류층) CO_2 플룸 시뮬레이션의 사례. 위: 기존 수직정 사용 시 주입 20년 후 CO_2 플룸 예측. 아래: 원거리 다중분기 주입정 이용 시 주입 20년 후 CO_2 플룸 예측. 수직 축척은 7배 과장되어 있으며 저류층의 두께는 80m임(Nazarian et al., 2013; ©Elsevier, 허가 후 재생산)(p.xxvi 컬러 그림 참조)

사용된 수직정과 비교하여 원거리 다중분기 주입정[4] 사용 시에 얻을 수 있는 장점을 조사하는 것이었다. 이 연구의 결과를 통해 수평정이 다층 저류층에서 저장가능한 공간을 어떻게 더 잘 활용하는지를 알 수 있었다. 일반적인 수직정은 주입성이 서로 다른 층들 중에서 가장 유체투과도가 높은 층에만 저장하게 하는 반면, 더 고도화된 주입정은 적층된 개별 저류층을

---

4 **역주:** 유가스전 개발 시 하나의 주 시추정에서 방향성 시추기법을 이용하여 여러 방향으로 뻗어나가는 부수적인 시추공을 만들어 완결하는 기법. 지층과의 접촉면적을 넓히고 시추공 수를 줄여 비용을 절감하는 효과가 있지만 완결 및 유지보수 등의 기술적 어려움이 존재함(Multi-branch well)

더 효과적으로 사용할 수 있게 한다. 현재로서는 CO_2 저장을 위한 고도화된 주입정의 비용이 너무 크지만, 향후 스마트 주입정의 적용을 통하여 CO_2의 저장을 최적할 수 있다는 가능성을 확인할 수 있었다.

3.4.3 지층압력을 고려한 지중저장 전략 관리

CO_2 저장의 주요 관심사는 압력 한계를 이해하고 관리하는 것이다. 즉, CO_2 주입 압력이 특정 암석역학적 한계를 초과해서는 안 된다(2.7절 참조). 개별 프로젝트(Rutqvist, 2012)와 분지 단위의 대규모 저장 잠재성 연구(Gasda et al., 2007; Ganjdanesh and Hosseini, 2018)에서는 예상 압력변화를 평가하여 최대 한계압력(일반적으로 덮개암의 균열발생압력)을 초과하지 않도록 확실히 보장하여야 한다. 이 문제에 대한 가장 좋은 접근법은 이를 분지 지하압력의 관점에서 고려하는 것이다. 이를 위해 2.7절에서 소개한 암석역학과 유효응력의 개념을 저장압력 관리의 프레임워크로 발전시킬 필요가 있다.

해양 퇴적분지(노르웨이 북해)의 압력 및 응력 경향을 기반으로 하는 일반적인 압력관리 접근법의 사례(그림 3.7)에서 저장 대상의 주요 구간을 800~4,000m로 가정하면 대부분의 대염수층은 초기 압력이 정수압에 가까울 것으로 예상할 수 있다. 일부 더 깊은 지층(약 3,000m 하부)에서는 과압상태로 초기 압력이 더 높을 수 있긴 하지만 개념은 유사하다. 대부분의 프로젝트는 균열발생압력에 도달하기까지 5~20MPa 정도 압력이 증가할 수 있는 여유가 있는데, 이는 탄화수소의 부력으로 인해 이미 과압상태가 된 유전개발 프로젝트와는 대조적이다. 유전에서는 초기의 과도하게 높은 압력이 생산이 진행됨에 따라 정수압 또는 그 이하로 감소하게 된다. 고갈된

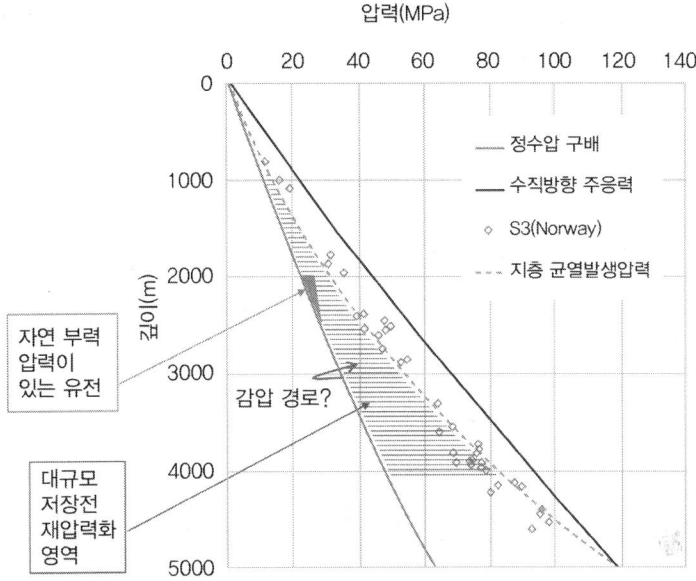

그림 3.7 저장기간 동안 대수층에서 재압력화되는 영역을 설명하는 노르웨이 북해분지의 일반화된 사례에 대한 압력-깊이 함수. 최대 저류층압력은 Bolås와 Hermanrud(2003)의 최소 응력자료(S3)를 기반으로 한 균열발생압력으로 설명됨

가스전의 압력은 정수압보다 상당히 낮아질 수밖에 없어서 CO_2 저장 프로젝트로 전환 시 허용 가능한 압력증가의 범위가 더 커진다(Bouquet et al., 2009; Nazarian et al., 2018).

Ringrose와 Meckel(2019)은 전 세계 해양대륙 가장자리에 CO_2 저장용량을 평가하는 과정에서 이 개념을 확장하여 프로젝트 종료 시점의 기준을 제안하였으며 그에 따라 다음 두 가지 유형의 저장 프로젝트로 구분하였다.

A. 최대 한계압력에 도달하기 전 사용 가능한 공극공간을 채우는 저장 프로젝트(그림 3.8의 대수층 저장형상 A)

B. 사용 가능한 공극공간을 완전히 활용하기 전 최대 한계압력에 도

달하는 저장 프로젝트(그림 3.8의 대수층 저장형상 B)

이 개념에서 각 대수층 저장형상은 저류층 초기압력(P_{init}), 주입정 하부압력(P_{well}), 그리고 지층 균열발생압력(P_{frac})이라는 공통의 초기조건을 이용하여 설명할 수 있다(그림 3.8). 저장형상 A는 압력 경로 P_a를 따라 최종 압력 P_{fa}에 도달하며, 저장형상 B는 경로 P_b를 따라 최종 압력 P_{fb}에 도달한다. Sleipner 프로젝트는 A의 예시이며, Snøhvit 프로젝트의 초기 결과는 B의 예시이다.

물론 각 프로젝트는 각각의 고유한 기준이 있어 개별적으로 평가되어야 하지만, 위 분지 지하압력 프레임워크는 기본개념을 설명하는 데 도움이 된다. 동일한 분지 내에서 여러 프로젝트가 진행될수록 이 지하압력 환경은 분지 전체에서 압력이 어떻게 변화할지를 평가하는 데 더욱 중요한 역할을 할 것이다.

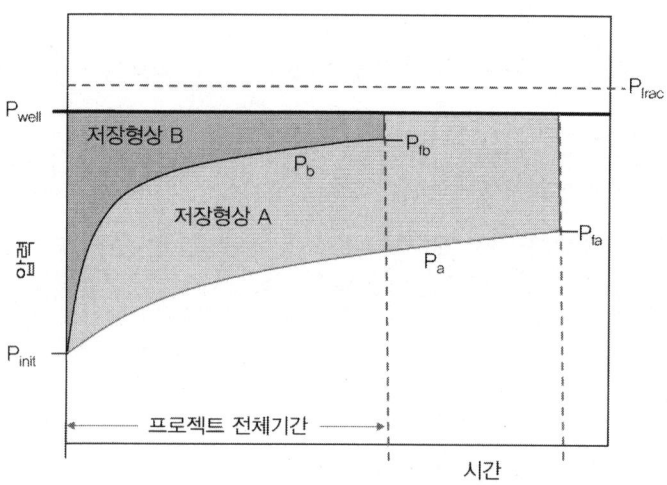

그림 3.8 동일한 초기압력을 가정한 두 유형의 대수층에서 프로젝트 전체기간 동안 나타나는 압력 거동

3.5 주입정 온전성 문제의 처리방안

Pawar 등(2015)은 저장과 관련된 누출 위험을 분석하여 시추정[5]이 가장 중요한 누출 위험 요소 중 하나라는 결론을 도출하였다. 즉, 지질학적 차폐체를 인위적으로 관통하는 것은 주요 위험 요소라는 것이다. 시추정 온전성에 대한 연구에서는 CO_2 주입 및 모니터링 등의 특정 목적에 적합하게 설계된 시추정과 현장 내에 존재하는 기존 시추정(운영 중 또는 폐정)을 확연히 다르게 구분한다. 이러한 위험성을 해결하기 위한 방법이 계속 개발되고 있기 때문에(Oldenburg et al., 2009) CO_2 저장 프로젝트에서는 이 위험성을 정량화하고 관리하는 데 중점을 두고 있다(Zhang and Bachu, 2011).

이와 관련된 문제를 이해하기 위해서는 시추정이 다중의 요소로 구성된 공학적 시스템으로서(그림 3.9) 운영 중(또는 후)에 차폐상태를 유지하기 위한 다중 방벽 시스템으로 설계된다는 점을 주목

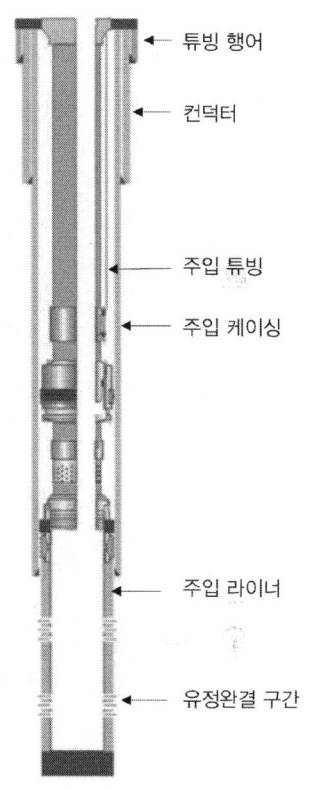

그림 3.9 CO_2 주입정의 설계 예시
(Cooper et al., 2009 그림 수정)

---

5 **역주**: 온전성 문제에서는 그 대상이 이산화탄소 지중저장에 사용되는 주입정, 관측정, 자료취득정뿐만 아니라 인근에 위치하고 있는 기존 석유자원의 탐사 및 생산을 위한 생산정, 주입정, 탐사정, 평가정을 모두 포함하므로 이를 아우를 수 있는 용어로 시추정을 사용하였다.

해야 한다. 다중 방벽 튜브 요소, 엘라스토머 및 금속 밀봉, 시멘트 처리 구간, 그리고 다수 밸브와 봉압장치를 포함하는 정두시스템 자체로 구성된다. 케이싱을 공벽에 시멘트로 고정하는 작업은 일반적으로 덮개암 또는 더 얕은 심도의 차폐지층 구간에서의 차단에 특히 중점을 둔다. 주입정은 주입기간과 폐쇄 후 이루어지는 모니터링 활동의 주요 대상이 되기도 한다. 주입기간 동안에는 압력을 주의 깊게 모니터링해야 하고 폐쇄 후에는 차단 시스템이 제대로 작동하는지 여부를 확인하는 모니터링 계획이 필요하다.

CO_2 지중저장 프로젝트에서 주입정 설계 시 다음 두 가지 문제가 가장 중요하다.

- **금속 요소의 부식 처리 및 최소화**: 부식은 먼저 CO_2 주입스트림에서 수분을 확실히 제거함으로써(일반적으로 수분 100ppm 이하) 막을 수 있다. 그러나 주입스트림에 상당량의 O_2, H_2S 또는 H_2O가 존재하는 경우, 주입정 설계는 관련 구성 요소에 부식방지를 위한 합금을 선택하여 제어할 수 있다(3.1절 참조).
- **주입정 설계 시 시멘트 격리를 위한 요소 설계**: 안전한 주입정은 주요 구간 (케이싱슈[6] 주변과 지표면)에 시멘트 슬러리를 잘 위치시켜야 한다. 대부분 경화 시간, 강도 및 황산염 저항성을 조절하기 위해 다양한 첨가제를 사용한 포틀랜드 기반 시멘트를 사용한다(가장 일반적으로 사용되는 시멘트는 클래스 G 시멘트). 더 나은 CO_2 저항 성능을 위해

---

[6] **역주**: 케이싱 하단 끝부분. 강도가 상대적으로 강한 케이싱과 약한 암석의 경계부분으로서 일반적으로 가장 취약한 부분

서 특수 시멘트를 사용할 수 있다(EverCRETE™ 또는 ThermaLock™).

기업주도의 탄소포집 프로젝트(CCP; Cooper, 2009)는 CO_2 주입정에서 사용되는 시멘트에 대해 다음과 같은 결론을 도출하였다.

- 표준 포틀랜드 기반 시멘트와 탄소강 케이싱은 장기간의 수리학적인 격리를 가능하게 한다.
- 효과적인 차폐를 위해서는 CO_2 내성이 강한 특수 시멘트를 사용하는 것보다는 시멘트를 적절히 잘 위치시키는 것이 더욱 중요하다.
- 시멘트 자체보다는 접착 부분이 유체의 이동통로가 될 가능성이 높다.

이에 대해 진행 중인 연구들은 중요한 경계(시멘트에서 암석, 시멘트에서 스틸)부분에서 열적 응력과 화학적 상호작용 등에 의해 발생하는 현상에 특히 집중하여 왔다(Carroll et al., 2011, 2016; Van der Tuuk Opedal et al., 2014).

적합하게 설계된 주입정은 운영기간 동안에는 성공적인 CO_2의 지중저장을 보장할 수 있을 것이다. 이러한 전제 아래 사업종료 이후 장기간에 걸쳐 주입정 주위에서 일어날 수 있는 사항들에 대해 논의가 주로 이루어져 왔다. 주입정은 얼마나 오랫동안 효과적으로 차폐를 지속할 수 있을 것인가? 미래 어느 시점에 누출이 일어나지는 않을까? 이것은 대답하기 어려운 질문들로서 초기 선구적인 프로젝트에서 얻은 교훈에만 전적으로 의존할 수 있는 부분이다.

Carroll 등(2011) 및 McNab와 Carroll(2011)은 In Salah CCS 프로젝트

의 장기 주입정 온전성에 대한 분석 연구로 공저 시멘트와 덮개암에서 염수-CO_2 간 화학반응에 대한 정밀한 지구화학 모델링과 실험을 수행하였다. 그들은 향후 프로젝트의 주입정 온전성 연구에 도움이 될 일반적인 결론을 다음과 같이 도출하였다.

- 화학용액과 고체 생성물의 시간경과에 따른 분석 결과, 주입정 하부의 환경은 CO_2 농도가 높은 유체에 노출될 때 시멘트, 탄산염, 점토광물 간 반응에 의해 결정된다.
- 수화된 시멘트가 합성 염수(초임계 CO_2와 평형을 이룬)와 반응하면 빠르게(보통 5~10일 내) 비정질 실리카, 방해석, 그리고 아라고나이트를 형성한다. 유사한 반응 생성물이 사암과 CO_2를 사용한 실험(저류층 환경을 대표하는 실험)에서도 관찰되었다.
- 이렇게 관찰된 반응이 미치는 잠재적 영향을 평가하기 위한 지구화학적 모델링 결과는 다음을 시사한다.
  - 잠재적 계면(예: 시멘트-암석 계면)에서 CO_2의 이동 속도가 크게 지연된다.
  - 약간의 공극률 감소가 예상되지만 유체투과도에 미치는 영향은 상대적으로 미미하다.

이 연구들을 요약하면, 중요한 지구화학적 반응이 발생하지만 (특히 CO_2 농도가 높은 유체와 시멘트 간의 반응) 그 결과인 시멘트화 과정이 균열과 공극을 막아주는 경향이 있다. 따라서 대염수층에 CO_2를 주입하면 시멘트화가 촉진되므로 CO_2 저장은 자가 차폐 시스템이라 할 수 있다. 하지만 이러한 과정은 매우 복잡하기 때문에 시멘트 경계면과 같은 주입정 시스템의 잠재적 취약점에 대해 잘 이해할 필요가 있다.

향후 프로젝트의 종료 및 완료 단계에서 필요한 사항을 준비하기 위한 유용한 시범 사례로 Ketzin CO_2 저장 파일럿 프로젝트를 찾을 수 있다(그림 3.10). Ketzin 프로젝트는 육상의 대염수층 내에 CO_2를 저장하기 위한 유럽 최초의 파일럿 현장으로, 2008년 6월부터 2013년 8월까지 총 67kt의 CO_2가 주입되었으며, 주입이 중단된 이후 저장소의 사후 폐쇄 단계에 들어갔다(Martens et al., 2012, 2014).

운영 기간에는 주로 모니터링 기술을 테스트하고 개발하였지만(Ivanova et al., 2012; Liebscher et al., 2013), 이 프로젝트의 가장 중요한 성과는 사후 폐쇄 단계로의 진입을 달성했다는 사실이다. 해당 저장소에서의 연구 및 시범 활동은 저장소의 전체 수명 주기를 다루고 있으며, 2013년

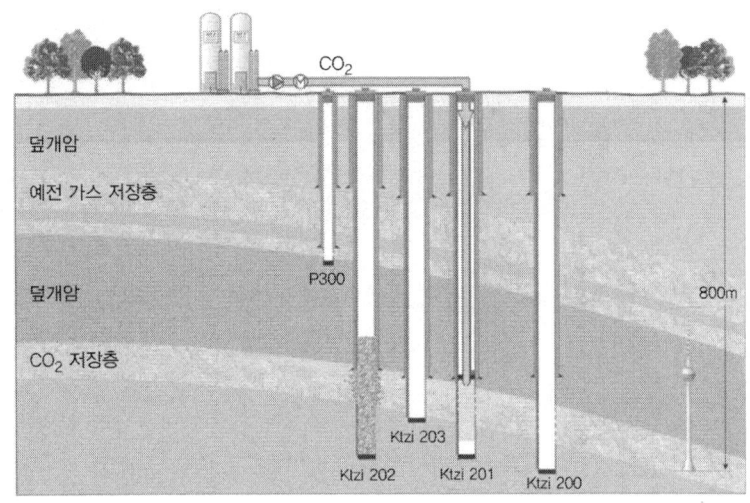

그림 3.10 저장소 폐쇄 시점(2015년)의 Ketzin 파일럿 부지의 개략도. Ktzi 201은 주입정이며 나머지 4개는 관측정임. 관측정 Ktzi 202는 2013년에 부분폐쇄 및 폐정이 완결되었음(Gawel et. al., 2017; ⓒElsevier, 허가 후 재생산)

이후 사후 폐쇄 단계에서는 다학제적 모니터링 프로그램과 함께 저장소에 뚫은 5개 주입정과 관측정의 단계적 폐쇄가 진행되고 있다(Martens et al., 2014).

이 파일럿 연구 및 실증 프로젝트를 통해 육상에서의 안전하고 신뢰할 수 있는 CO_2 저장을 구현하였으며, 법적 규제 요건 또한 충족함을 입증할 수 있었다. 이 프로젝트는 국가 및 국제 표준(DIN/ISO) 개발을 위한 사례로 계속 활용되고 있으며, CO_2 저장에 대한 대중의 이해를 촉진하는 공공 참여 활동에도 사용되고 있다.

폐정의 과정이 어떤 방식으로 진행되든, 중요한 기본 원칙은 다음의 차폐 기능을 제공하는 방벽을 갖춰야 한다는 것이다.

- 중요한 지질 구간 간의 격리
- 주입정 환상공간(Annulus) 간의 격리
- 정두와 외부환경 간의 격리

중요 구간에 대한 확실한 격리를 위해서는 시멘트 슬러리를 케이싱 주위와 대상 차폐구간의 설계된 지점에 정확히 위치시켜야 한다. 일반적으로 이 작업은 케이싱슈, 불투수 차폐지층, 그리고 지표면 주위의 중요한 구간에서만 수행된다(그림 3.11). 경우에 따라서는 공저부터 지표면까지 전체 케이싱에서 시멘트 작업을 해야 할 수도 있다.

마지막으로 시추정 온전성과 관련된 가장 까다로운 문제는 기존 시추정을 어떻게 처리할 것인가 하는 점이다(Zhang and Bachu, 2011; Pawar et al., 2015). 이러한 시추정은 주로 과거의 석유/가스 탐사정으로, 상부를 확실하게 밀폐하지 않은 채 완결된 것이다. 예를 들어 더 깊은 석유부존 유

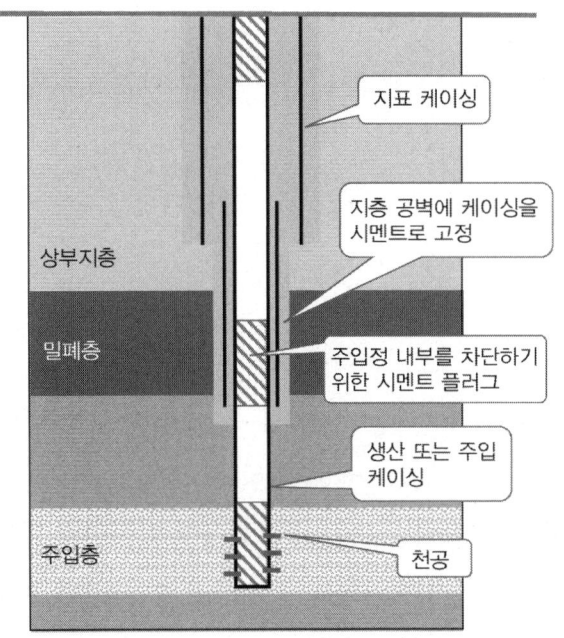

그림 3.11 CO_2 주입정 폐정 시 차단을 위해 사용되는 주요 방벽들의 개념도

망구조(예: 쥬라기 층)를 테스트한 이후 석유가 발견되지 않았을 때 시추정의 심부지층과 지표 부분만 막아서 밀폐시키게 된다. 그러나 얕은 대염수층은 밀폐되지 않아 향후 CO_2 저장 프로젝트에서 누출 경로가 될 수도 있다. 기존 시추정의 영향은 정량화하기 어렵지만, 이들의 존재 자체는 잠재적인 저장소 개발의 비용과 가용성에 분명히 영향을 미치게 된다. CO_2 지중저장 프로젝트의 개발에서 이 문제에 대한 기본적인 접근방법으로 다음 두 가지를 들 수 있다.

1. 기존 시추정을 피하는 것: 안전하게 완결된 유정이 있는 곳에서만 저장 프로젝트를 개발

2. 기존 시추정의 누출 위험을 정량화: 관심 지역 내 기존 시추정별로 누출 위험을 평가한 후, 그 위험이 충분히 낮아 프로젝트를 진행할 수 있을지 또는 밀폐가 잘 되지 않은 시추정의 경우 복구가 효율적인 비용으로 가능한지 여부에 따라 결정

Sleipner와 같은 초기 선구적인 프로젝트에서는 첫 번째 옵션을 선택했다. 그러나 향후 프로젝트에서는 잘 관리되거나 복구된 기존 시추정을 포함하는 개발 계획이 수립될 수 있을 것으로 예상된다. 특히 고갈된 유가스전을 저장소로 사용할 때 이러한 기존 시추정 문제는 반드시 해결해야 할 과제이다. 예를 들어 프랑스의 고갈된 가스전(2010년 1월부터 2013년 3월까지 운영)에서 시행된 Lacq-Rousse CCS 시범 프로젝트는 2015년 5월에 폐쇄된 주입정을 포함하고 있다.

시추정의 시멘트를 통한 잠재적 누출의 위험을 평가(Thibeau et al., 2017)한 결과에 따르면, 누출이 발생하더라도 CO_2가 상부의 대수층으로 누출되지 않고 압력구배에 따라 지층수가 CO_2 저장구조로 유입될 것이라고 결론지었다. 설령 이미 압력이 고갈된 CO_2 저장구조로 누출이 발생한다 하더라도 안정화되고 난 후 유량은 약 $0.01m^3/d$ 정도로 매우 미미한 수준일 것으로 분석하였다.

3.6 이산화탄소 저장 프로젝트 모니터링과 저장소 온전성 관리

3.6.1 어떤 모니터링이 필요한가?

CO_2 저장 프로젝트를 모니터링하는 최적의 방법을 찾기 위해 최근 20여 년간 많은 관심과 연구들이 집중되어 왔으며, 미래 프로젝트에 지침이 될 모범 사례에 대한 문서와 교재들이 개발되었다(예: Chadwick et al., 2008; Davis et al., 2019). 이 절에서는 모니터링 계획 시 어떤 접근방식으로 설계해야 하는지, 그리고 최신 모니터링 기술들을 어떻게 최적으로 이용할 것인지에 대해 다루고자 한다.

석유 저류층 모니터링에서 개발된 많은 기술들을 CO_2 저장 모니터링에 채택하여 적용할 수 있다. 대표적인 예로는 현재 석유산업에서 널리 적용되고 있는 시간경과 탄성파탐사를 통한 저류층 모니터링 기술이 있다(Lumley, 2011). 이 기술이 지하 CO_2 플룸을 모니터링하는 데 매우 적합하다는 것은 Sleipner 프로젝트에서도 확인되었다(Arts et al., 2004). 그러나 CO_2 저장 모니터링에서는 지하에서의 CO_2 거동을 잘 이해하고 장기 저장을 확실히 보장할 수 있어야 한다는 점에서 석유 저류층 모니터링과는 다른 어려움이 있다. 간단히 말해서, CO_2 저장 모니터링의 물리적 특성은 유가스전과는 다르며 모니터링에 대한 사회적 요구 또한 더욱 광범위하다는 차이가 있다.

CO_2 저장 프로젝트의 모니터링 포트폴리오는 다음과 같은 여러 이슈들을 다루어야 한다.

- 안전한 현장운영을 보장해야 한다.

- 구속력이 있는 안전 규제가 필요하다.
- 발생할 수 있는 누출에 대한 대중의 우려에 대해 고심해야 한다.
- CO_2를 장기간에 걸쳐 저장할 수 있도록 확실히 보장해야 한다.

이러한 요구를 충족시키기 위해서 초창기 프로젝트에서는 목적에 맞는 모니터링 방법들을 개발하려 노력했고, 이 과정에서 얻은 교훈들은 향후 프로젝트 수행에 있어 매우 귀중한 자산이 될 것이다. '어떤 종류의 모니터링이 진정 필요한가?'라는 질문에 답을 얻기 위해 프로젝트의 서로 다른 이해 당사자들의 관점에서 다음과 같은 세 가지 질문을 고려해야 한다.

1. 현장운영의 측면에서 어떤 모니터링이 중요한가?
2. 규제의 관점에서는 어떤 모니터링이 필요한가?
3. 어떤 모니터링이 대중의 이익에 부합하는가?

결국 최종적으로는 모니터링 계획 시 위 세 가지 견해를 모두 고려하고 다루어야 하겠지만 모니터링의 수요나 우선순위는 관점에 따라 서로 충돌할 수 있다. 기술적 측면에서 또 다른 어려움은 CO_2 저장 프로젝트는 상당히 광범위한 영역에 대한 모니터링이 필요하다는 점이다. 즉, 저장 대상인 대염수층뿐만 아니라 다음의 요소들도 모니터링 계획에 포함되어야 한다.

- 저류층 상부 지층들
- CO_2 저장부지 상부의 지표면 주변 환경
- 지상 시설물(배관, 정두시설 등)

- 저장소 폐쇄 이후 장기간 동안

이와 같이 상당히 광범위한 요구를 충족시켜야 한다는 점은 프로젝트의 우선순위를 결정하는 데 상당한 어려움을 야기한다. 각 개별 프로젝트에서 어떤 모니터링 활동이 실제로 필요한지를 알아낼 수 있는 것이 CO_2 저장을 전 세계적으로 널리 수행할 수 있게 하는 핵심 전제조건이다.

3.6.2 모니터링의 목표와 정의

EU CCS 지침(EC, 2009)에 따르면, CO_2 저장부지 모니터링 프로그램의 전반적 목적은 저장을 검증하고 누출 위험을 최소화하는 것이다. 각 나라별로 법령 체계가 서로 달라서 용어 선택이나 표현 그리고 법제화의 상황은 조금씩 다를 수 있지만, 그 목적 자체는 전반적으로 EU CCS 지침과 비슷하다. 다음은 널리 사용되는 일반적인 용어들이다.

- 모니터링: 프로젝트나 프로그램의 정기적 관측과 기록 (EU CCS 지침에서 선호하는 용어)
- MMV: 측정(Measurement), 모니터링(Monitoring) 그리고 검증(Verification) (CO_2 저장 프로젝트 대상 모니터링 활동의 기술적 설명)
- MVA: 모니터링(Monitoring), 검증(Verification) 그리고 회계(Accounting) (MMV와 비슷하나 법적인 회계 측면까지 포함; 미국 NETL[7]

---

7 **역주:** National Energy Technology Laboratory의 약자이며, 미국 에너지성(Department of Energy, DOE)의 화석연료 사무국(Office of Fossil Energy)에서 운영하는 에너지 기술 연구소이다. NETL은 미국 에너지 자원의 생산과 사용에서 청정성을 향상시키기 위한

에서 선호하는 용어)

더 나아가 CO_2 저장 프로젝트를 위한 MMV 프로그램들은 다음과 같이 프로젝트의 주요 단계들에 대해 다루어야 한다(그림 2.4).

- 주입 전 (부지선정)
- 운영 중
- 저장소 폐쇄
- 폐쇄 후

모니터링의 기술적 목표에 대해서는 다음과 같이 일반적으로 정의된 두 가지 주된 목표가 있다.

- **부합성**(Conformance): 지중저장 성과가 계획대로 진행되고 있는지에 대한 검증 과정
- **저장성**(Containment): 주입 CO_2가 저장 복합체 내에 잘 저장되어 있는지 보장하고 검증하는 활동들

세 번째 중요한 기술적 목표로 **우발사태**의 대응 능력을 추가할 수 있다. 포착된 이상징후에 대해 대응하고 발생할 수 있는 누출을 멈출 수 있는 능력을 포함한다.

또한 다음과 같이 반드시 충족해야 하는 여러 규제요건들이 있다.

연구를 수행한다.

- 최소한 1년에 한 번씩은 주무관청(Competent authority)에 보고(EU CCS 지침)
- 환경보호 요건 충족. 특히 음용수 관련 지하자원(US EPA[8] 규제) 및 해양환경 보호(런던협약과 북동대서양 해양환경보호 협약[9] 등)
- 폐쇄 후 모니터링 단계에서의 법적 책임을 다루기 위한 합의 및 협정, 그리고 저장소에 대한 책임을 관련 국가 기관으로 이관하는 절차

CO_2 저장에 대한 법적, 규제적 측면에 대해서는 Dixon과 Romanak (2015) 그리고 Dixon 등(2015)을 참고할 수 있다.

3.6.3 모니터링 프로그램의 설계

모니터링 계획 시 무엇을 포함할지 결정하기 전에 기존의 참고 프로젝트에서 선정한 기술들을 살펴볼 필요가 있다. 이를 위해 Sleipner, In Salah 그리고 Snøhvit 프로젝트들에서 선정한 주요 기법들을 정리하였다(표 3.1). 이 프로젝트들은 각각 해상 플랫폼, 육상, 그리고 해저완결 주입정 등 서로 다른 환경에서 수행한 프로젝트로 유의미한 비교라 할 수 있다. Jenkins 등 (2015)은 위 프로젝트들을 Weyburn과 Cranfield에서의 CO_2-EOR 및 CO_2 저장 프로젝트, 그리고 Otway 연구용 주입 사이트와 비교하여 적용된 모니터링 기술들을 보다 자세히 분석하여 정리하였다.

---

[8] **역주**: 미국환경보호청은 환경보호 및 공중보건을 책임지는 미국 연방 정부 기관임 (US Environmental Protection Agency).

[9] **역주**: 북동대서양 해양환경보호 협약은 Convention for the Protection of the Marine Environment of the North-east Atlantic으로 OSPAR Convention이라고도 함.

표 3.1 실제 산업시설 규모의 CO_2 저장 프로젝트들에서 적용된 모니터링 기법들

모니터링 기술	Sleipner (해상 플랫폼)	In Salah (육상)	Snøhvit (해저)
정두 모니터링	✓	✓	✓
공저 유체 샘플링	✓	✓	✓
4차원 탄성파	✓	✓	✓
4차원 중력	✓		✓
해저면/해양 조사	✓		✓
미소진동 모니터링		✓	
영구적 공저 계측기			✓
운영 중 주입정 시험		✓	✓
공벽 온전성 모니터링		✓	✓
CO_2 추적자		✓	
인공위성 (InSAR) 모니터링		✓	
지표/천부 가스	✓	✓	
지하수 샘플링		✓	

위 세 프로젝트에서 기법 선정에 관련된 요소들은 다음과 같다.

- 정두 모니터링, 공저 유체샘플 채취 그리고 시간경과(4D) 탄성파탐사는 모든 사이트에서 진행되었으며 CO_2 저장 프로젝트에 있어 이 기술들은 필수적임을 보여준다.
- InSAR나 지하수 샘플링 등을 포함한 몇몇 기술들은 주로 육상 프로젝트에 적합하였다.
- 시간경과(4D) 중력장 모니터링은 해상 환경에서 정확하다는 것이

검증되었다.
- 영구적인 공저 센서를 설치하여 이용하는 기술은 초기 프로젝트 (1996년 Sleipner와 2004년 In Salah) 수행 시에는 불완전한 상태였지만, Snøhvit 프로젝트가 시작한 2008년부터는 신뢰도 높은 상태로 발전하였다.

위 프로젝트들에서 수행했던 모니터링 기법들에 대한 보다 자세한 설명은 Furre 등(2017), Mathieson 등(2010) 그리고 Hansen 등(2013)에서 찾을 수 있다.

여기서 중요한 점은 모니터링 기술이 지속적으로 발전하고 있고 비용도 점차 감소하고 있다는 것이다. 따라서 향후 프로젝트 수행 시에는 충분히 성숙하고 검증된 기술을 채택할 수 있는 환경일 것이다. 구체적으로 살펴보자면, 공저 광섬유 센서를 이용한 측정법이 빠르게 발전하고 있어 미래 저장부지에서 널리 적용될 가능성이 높다. 광섬유를 이용하는 핵심 기술은 분산형 온도측정(DTS; Distributed Temperature Sensing)과 탄성파 이벤트를 측정할 수 있는 분산형 음향측정(DAS; Distributed Acoustic Sensing)을 들 수 있다. 캐나다의 육상 CO_2 지중저장 프로젝트인 Quest(Bourne et al., 2014; Mateeva et al., 2014)와 Aquistore(Worth et al., 2014; White et al., 2017)에서 시간경과 수직 탄성파 프로파일링(VSP; vertical seismic profiling)이 CO_2 플룸의 성장을 모니터링하는 데 비용 대비 효율적인 기법임을 입증하였다.

지금까지의 프로젝트 경험을 바탕으로 미래에 사용될 CO_2 모니터링 기법의 포트폴리오 구성을 추론할 수 있다(그림 3.12). 다음은 미래 프로젝트에서 필수적 또는 주도적으로 수행될 것으로 예상되는 항목들이다.

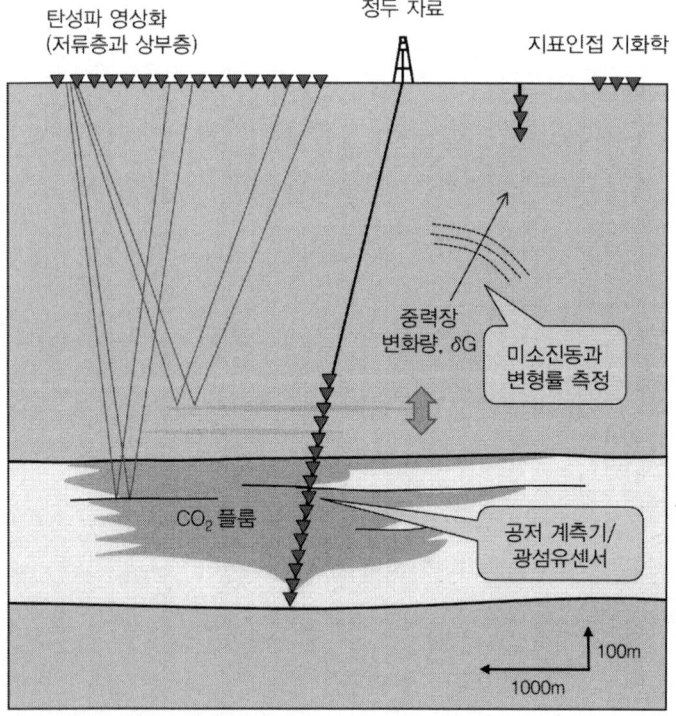

그림 3.12 저장부지에서의 이상적인 모니터링 프로그램의 개념도

- 지질학적 부지특성화를 위한 필수적인 데이터세트: 일반적으로 이 데이터세트는 지층에서 취득한 코어자료 및 광범위한 물리검층 자료와 (전체 대상 부지에 대한) 지표탐사 및 3차원 탄성파탐사의 결과로 구성된다.
- 지상과 공저에서 수행되는 표준 측정값(압력, 온도, 유체조성 등의 정기적이거나 연속적인 측정값)
- 시간경과(4D) 탄성파 모니터링(다양한 형태의 탄성파 자료 획득 방식과 반복 주기에 대한 선택 포함)

- 공저와 지표에서의 분산형 광섬유센서 측정(DAS와 DTS)
- 3성분 지오폰[10]이나 지표변형 관측기법(예: InSAR 자료 이용)을 통해 암석의 변형률과 미소진동 이벤트 모니터링
- 중력장 모니터링(특히 광역 해상 프로젝트에서)
- 지표 가스 모니터링(육상과 해상에서 각기 다른 전략으로)

		북동대서양 해양환경 보호 협약	EU CCS 지침	유럽 ETS* (*Emissions Trading System 탄소배출권거래제)	
심부 환경	상부 덮개암층에서의 이동				저장성
	저장 온전성				저장성
	저류층에서의 이동				부합성
	성능시험 및 보정, 이상징후 규명				부합성
	장기예측의 보정				부합성
	복구 조치 시험				우발사태
천부 환경	미누출 입증				저장성
	누출 탐지				저장성
	배출 정량화				우발사태
	환경에 미치는 영향				기타
	복구 조치 시험				우발사태

그림 3.13 해상환경에서 규제요건을 충족하기 위한 모니터링 기술 선정(Hannis et al., 2017)

---

10 **역주:** 탄성파나 진동을 감지하고 이를 전기 신호로 변환하는 장치. 주로 지구물리학, 지질탐사, 지진학, 석유 및 가스 탐사 분야에서 사용됨

모니터링 기법 선정에서 또 다른 중요사항은 '규제의 관점에서 어떤 요구사항이 필요한가?'라는 질문이다. 최근 IEAGHG(2016)와 Hannis 등(2017)은 해상환경에 대해서 이 문제를 검토하였다. 이 분석에서는 천부와 심부 각각에 대한 모니터링 규제요건을 구분하였으며, 모니터링 활동이 저장성, 부합성, 우발사태 대응에 대한 요구조건들을 어떻게 충족하는지에 대해 설명하였다(그림 3.13). 일반적으로, 규제와 공공의 이익 측면에서는 천부 또는 지표 환경에 대한 모니터링을 우선시하는 반면, 운영적 측면에서는 저장체나 그 주변의 심부환경에 집중하는 경향이 있다. 이러한 목표들 사이에서 균형 잡힌 모니터링 계획을 수립하여야 한다.

3.6.4 실제 프로젝트에서 배운 모니터링 교훈

특정 프로젝트에서 실제로 채택된 모니터링 기법들을 살펴보기 위해서는 육상에서 수행한 In Salah 프로젝트와 해상에서 수행한 Sleipner 프로젝트의 사례를 요약할 필요가 있다. In Salah 프로젝트는 Mathieson 등(2010)과 Ringrose 등(2013)에서 자세하게 보고되었는데, 부합성 모니터링으로 주로 시간경과 탄성파탐사, 코어 및 검층자료, 정두 측정(Wellhead measurement), 그리고 인공 CO_2 추적자 이용(가스 생산정으로의 CO_2 돌파 평가 목적) 등이 적용되었다(그림 3.14). 저장성 모니터링으로는 천부 지하수 관측정에서의 측정과 지표의 가스측정 중심으로 이루어졌다. InSAR 모니터링은 지하압력 증가 추적(Vasco et al., 2010)에, 그리고 수동형 탄성파 모니터링은 주입과 관련된 미소진동 이벤트 분석(Goertz-Allmann et al., 2014)에 각각 이용되었다(2.7.3절에 설명).

In Salah 부지에서 모니터링 기법 선정에 대한 의사결정을 지원하기

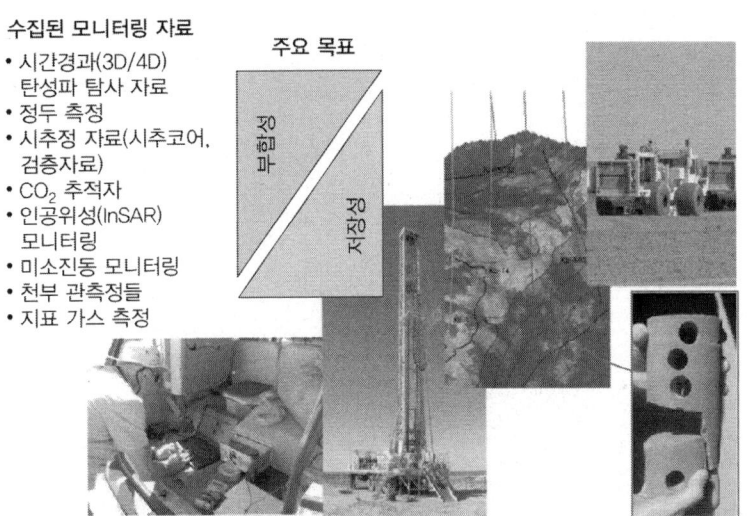

그림 3.14 In Salah 프로젝트의 저장부지 모니터링 프로그램 요약. 왼쪽부터 오른쪽으로 미소진동 자료 기록, 천부 굴착, 탄성파 해석과 반복 측정, 그리고 코어 분석(삽화)

위해 'Boston Square' 비용-편익 평가체계를 이용하였다(Mathieson et al., 2010). 각 기법들의 기술적 이점을 다룬 많은 연구를 바탕으로 In Salah 프로젝트는 고비용/저편익 기술 대신 저비용/고편익 기술들을 조합하여 채택하였다(그림 3.15). 그러나 특수한 경우 그 기술의 막대한 편익 때문에 높은 비용도 감수하였는데, 3D와 4D 탄성파탐사가 이러한 (높은 예산이 소모되긴 하지만 필수적인 항목) 범주에 든다. 결과적으로 대부분의 CO_2 프로젝트에서 탄성파 자료의 획득 여부에 대해서는 고민하지 않고 비용과 반복 횟수의 최적화에 집중한다.

두 번째 사례인 Sleipner 프로젝트에서 채택한 모니터링 전략(그림 3.16)에 따라 20년 동안 수행한 반복 탐사의 효용에 대한 평가를 확인할 수 있다(Furre et al., 2017). Sleipner에서는 3차원 탄성파탐사를 총 9회에 걸쳐서 반복 수행했다(1999년, 2001년, 2002년, 2004년, 2006년, 2008년, 2010년,

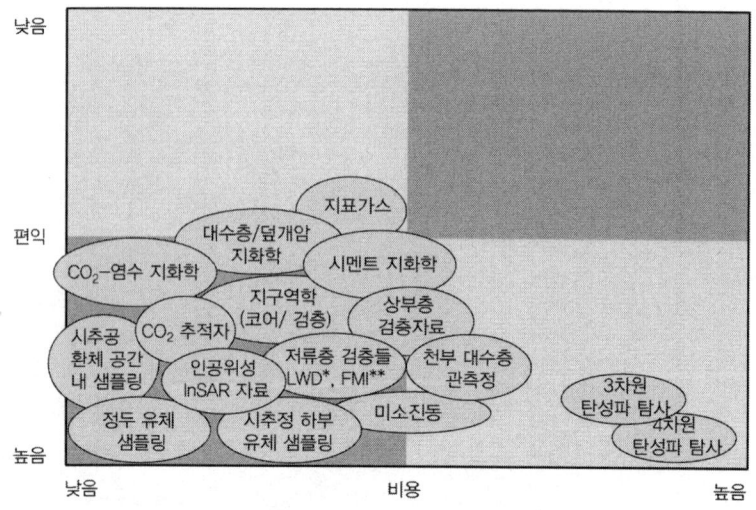

* Logging while drilling, 시추 중 검층
**Formation micro-imaging, 지층 미세 영상화(주로 지층 마이크로-전기비저항 영상화를 지칭)

그림 3.15 In Salah CO_2 저장 프로젝트에서 적용한 모니터링 기술의 포트폴리오 요약. 비용편익 평가 결과를 'Boston square' 체계차트 상에 도시(Ringrose 등(2013)으로부터 수정)

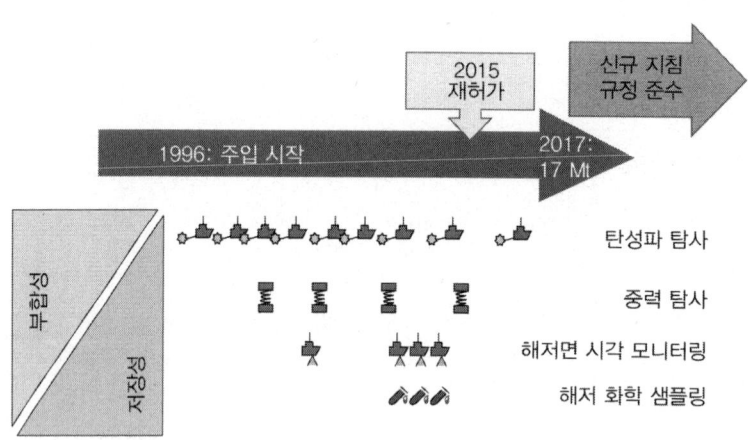

그림 3.16 Sleipner 프로젝트의 저장부지 모니터링 프로그램 요약(Furre 등(2017)에서 수정)

2013년, 2016년). 이 시간경과 자료들을 CO_2 주입 전(1994년)에 얻은 기초 탐사자료와 함께 해석하여 CO_2 플룸의 성장에 대한 독보적인 영상화 결과 (Eiken et al., 2011; Furre and Eiken 2014)를 구현하였다. 초창기의 탐사들은 주로 연구 프로젝트의 일환(Chadwick et al., 2008)으로 수행되었지만 그 이후에는 Sleipner 자산 소유주의 주도로 모니터링 프로그램으로 진행되었다. 시간경과 탐사에서 각 탐사 간 시간 간격이 2년에서 3년으로 늘었으며 기술의 발달과 다른 탐사기법들과의 복합적인 수행에 따라 자료획득 계획은 더욱 다양화되고 향상되었다. 시간경과 탐사 중 두 차례는 광대역 탐사 기술들을 적용하였고 2010년에는 듀얼소스(Dual source)[11]를, 2013년에는 경사케이블(Slanted cable)[12]을 이용하였다(Furre et al., 2017). 서로 다른 자료획득 기법들의 적용으로 인해 시간경과 자료의 품질이 데이터세트마다 달랐지만 동일한 시간경과 자료처리 작업방법을 통해서 플룸의 성장에 대한 신뢰성 있는 영상화가 가능했다.

부합성 모니터링 전략의 핵심인 4D 탄성파탐사를 보완하기 위해 3회에 걸쳐 시간경과 중력탐사를 수행하였다. 이를 통해 Sleipner 저장부지의 물질수지에 대한 신뢰도를 확인하였고 저장체 내 CO_2의 원위치 평균밀도를 추정하고 CO_2 용해속도의 상한값을 알 수 있었다(Alnes et al., 2011). 저장성 모니터링을 위해 4D 탄성파탐사 데이터세트도 일정부분 사용되긴 했지만, 본질적으로는 해저면의 시각적 검사와 퇴적층 샘플들을 통해 이상현상의 유무를 확인하는 정도에 그쳤다.

다른 측면에서 Sleipner 프로젝트의 흥미로운 점은 처음에는 CO_2 주

---

11 역주: 두 개의 서로 다른 진동수 대역 송신원을 순차적으로 사용
12 역주: 송신원과의 거리가 멀어질수록 점점 더 수면 아래로 잠길 수 있도록 하는 케이블

입이 노르웨이 석유법에 근거하여 허가되었다는 점이다. 이후 노르웨이 법체계가 이산화탄소 지중저장에 관한 유럽 지침(EC, 2009)과 일치하도록 갱신된 후인 2015년에 이르러서야 Sleipner 저장소에서의 CO_2 저장 운영은 새로운 지침에 따라 재허가가 되었다. 그러나 실제로는 선구적인 Sleipner 프로젝트가 이산화탄소 지중저장에 관한 유럽 지침의 세부사항들을 수립하는 데 참고자료로 사용된 것이며, 이후 새로이 개정된 법에 따라 재허가를 받은 것이다.

시간경과 탄성파탐사는 Sleipner 프로젝트의 저장성뿐만 아니라 부합성도 모니터링하는 주된 방법이다. CO_2 플룸이 성장함에 따라 공극률이 큰 800~1,000m 심도의 각 퇴적층으로 유입되면, (지층수만으로 포화된 경우와 비교했을 때) 탄성파 속도와 사암의 유효밀도가 상당히 변화하게 되어 반사파의 진폭이 크게 변화한다. 이와 같이 진폭과 도달시간 변화를 이용하여 얇은 CO_2 저장층들을 분석하면, CO_2 플룸 내의 다중 지층들에 대한 영상화가 가능하고 일부 경우에는 수 미터 단위까지 층의 두께도 추정할 수 있다(Furre et al., 2015). Sleipner 저장 프로젝트에서의 성공 여부를 확인하는 과정에서 탄성파와 중력 모니터링 데이터세트(그림 3.17) 모두가 핵심적인 역할을 했다. 즉, 이 두 물리탐사 데이터세트로 인해 운영적 측면(Furre et al., 2017)에서 CO_2가 계획한 대상지층과 폐쇄구조에 잘 저장된 것을 확인할 수 있었다. 또한 기술개발적 측면(Furre et al., 2015; Landrø and Zumberge, 2017; Chadwick et al., 2019)에서는 두 데이터세트로 인해 저장체 내의 얇은 CO_2 저장층들을 파악하고 CO_2 저장의 물리적 현상을 규명하는 기술을 크게 향상시킬 수 있었다.

다음은 CO_2 저장 프로젝트에서 탄성파 모니터링 기법에 제기되는 전

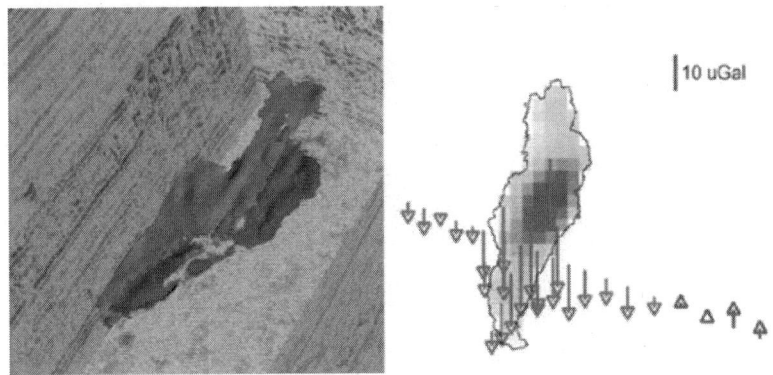

그림 3.17 Sleipner 프로젝트의 모니터링 자료들 예시. 왼쪽: 2013년 탄성파탐사 자료의 진폭 변화에서 예측한 다중 CO_2 저장층들. 오른쪽: 2002년에서 2013년까지의 중력장 변화에 대한 역산 결과로부터 분석한 전체 CO_2 두께 변화. 빨간색 화살표는 측정 중력장의 감소를, 파란색 화살표는 증가를 나타낸다. CO_2 두께 변화의 최댓값은 약 35m로 짙은 파란색 음영으로 표시됨. 왼쪽 그림은 Sleipner 프로젝트 운영사인 Equinor의 Anne-Kari Furre 제공 (Sleipner Production License의 허가를 받음). 오른쪽 그림은 Furre 등(2017)에서 수정 (p.xxvi 컬러 그림 참조)

형적인 질문들이다.

- 얼마나 많은 CO_2를 탐지할 수 있는가?
- 그리고 탐지할 수 없는 CO_2에 대해서는 어떻게 할 것인가?

독일의 Ketzin 파일럿 주입 프로젝트에서 상대적으로 작은 부피의 CO_2를 탐지한 유의미한 예가 있다. 이 저장소에서 약 67kt의 CO_2 가스를 630~650m 심도의 사암 내로 주입하였다. 주입정 Ktzi 201(그림 3.10)을 통해 2008년 6월부터 2013년 8월까지 주입이 이루어졌다. 23kt이 주입된 이후인 2009년에 수행한 첫 탄성파탐사에서는 반사파가 확연히 드러났다 (그림 3.18; Lüth et al., 2015). 이후 61kt까지 주입된 2012년에 수행한 두 번

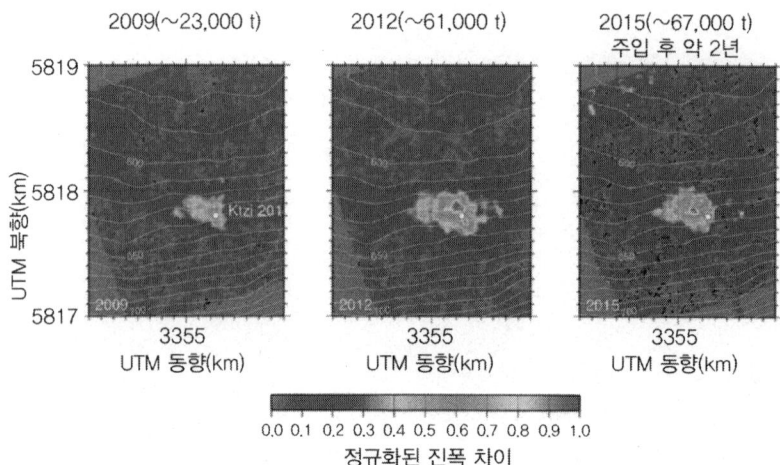

그림 3.18 Ketzin 부지에서 3회의 반복 탄성파탐사를 통해 파악한 저장층의 정규화된 진폭 변화 지도. 그중 마지막 탐사는 주입 후 2년이 지난 뒤에 수행되었음(Lüth 등(2015)에서 수정; Elsevier 허가 후 재생산)(p.xxvii 컬러 그림 참조)

째 탄성파탐사에서는 확장된 CO_2 플룸을 성공적으로 영상화할 수 있었다. 이 심도에서 약 20kt 정도의 CO_2는 주입 초기와 플룸의 성장 시기에 확실하게 탐지할 있었다. Ketzin에서 4D 탄성파탐사를 통해 탐지할 수 있었던 CO_2 저장층의 최소 두께는 대략 7m 정도이거나 그 이상으로 추정된다(Huang et al., 2018).

이 Ketzin 프로젝트는 저장소 폐쇄 후 모니터링 단계로 넘어간 소수의 프로젝트들 중 하나로서 모니터링 팀은 폐쇄 후 탐사를 통해서 CO_2 플룸의 안정화를 평가할 수 있었다(그림 3.18; Lüth et al., 2015; Huang et al., 2018). 그러나 폐쇄 후 안정화 여부에 대한 평가는 단순한 작업이 아니다. 저장소 폐쇄 시기에도 CO_2가 염수에 계속 용해되면서 자체적인 안정화 과정을 거칠 뿐만 아니라 수평 방향으로도 꾸준히 이동 중일 수 있기 때문이다. 2015년의 저장소 폐쇄 후 탄성파탐사에서는 탐지된 플룸이 전반적으로 안정적이지만 크기는 다소 줄어든 것으로 확인되었다. 이러한 플룸 크기의 감소는 용해의 영향뿐만 아니라 CO_2가 (Ketzin 배사구조의 남쪽 측면에 놓인, 약 15도 경사진 층으로 주입된 것을 감안하면) 최소 탐지가능 두께 이하의 층으로 이동했기 때문인 것으로도 추정된다. 향후 실제 저장 프로젝트에서 법률상 의무는 부합성과 저장성을 보장하는 것이기 때문에 플룸이 저장체 내에서 안정화 단계에 접어들었다는 것을 관련 규제기관에 보증해야 한다. 어느 수준의 평가가 안정화 단계 진입여부를 판단하는 기술적 근거인지를 결정하는 데 있어 이러한 연구 결과들은 매우 중요하게 활용될 수 있다. 저장소 폐쇄 후에도 물리적 또는 화학적 작용들이 지속적으로 진행되겠지만 이러한 과정들은 시간이 흐를수록 지중저장을 더욱 공고히 보장하는 방향으로 진행될 것이다(그림 2.5).

지금까지 모니터링을 위한 지구물리적 방법들에 주로 초점을 맞춰왔지만 저장 복합체 내부와 그 주변에서의 직접적인 측정방법도 중요하다. 다음과 같이 두 종류의 직접측정 방법을 꼽을 수 있다.

- 공저에서의 측정: 주로 압력, 온도, 유체 포화도
- 지표 및 지표 가까운 환경에서의 측정: 주로 가스 탐지와 지하수계에 대한 지구화학적 모니터링

다양한 공저 측정법의 잠재성은 2011년 11월부터 2014년 8월까지 1Mt의 CO_2를 주입한 파일럿 CCS 프로젝트인 미국 IBDP(Illinois-Basin Decatur Project)에서 잘 나타난다(Finley, 2014; Gollakota and McDonald, 2014). 이 부지에서 CO_2는 캄브리아기 Mt Simon 사암의 기저부 근처(약 2,129m에서

2,138m 심도)에서 주입되었으며, 이는 공극률이 18~25%이고 유체투과도가 40~380mD인 하천성 사암으로 이루어져 있다. 이 기간 동안 주입정인 CCS1과 관측정인 VW1에서 매우 의미 있는 데이터세트를 취득하였는데, 이는 공저 센서를 이용하여 측정한 저류층의 하부, 저류층 내부(8개 구간), 저류층의 상부(2개 구간)에서의 온도와 압력을 포함하고 있다(Couëslan et al., 2014). 또한 이 프로젝트에서는 지표와 공저의 지오폰을 이용해서 미소진동도 기록하였다. 주입이 지속되는 3개월 이상의 기간 동안 획득한 자료에는 공저 압력, 유체 주입유량(톤/시간), 그리고 측정한 미소진동의 모멘트 규모(Moment magnitude) 등 핵심적인 주입 매개변수들이 있다. VW1 관측정 내 총 11개 구간에서 공저의 실시간 압력이 측정되었는데 그중 2개 구간(구간 3과 4)의 데이터를 그림 3.19에 도시화하였다. 이를 통해 여러 층에서 기록된 압력 반응에 대한 관측을 분석하면 저류층 시스템의 압력 분포를 파악할 수 있다. 구간 3의 압력은 주입정과 수리역학적으로 연결되

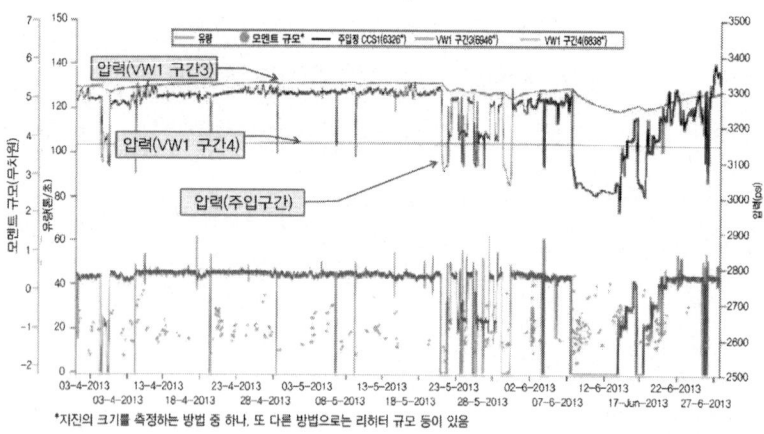

그림 3.19 IBDP CO_2 주입 프로젝트가 수행된 저류층 내 여러 심도에서의 압력 변화, 유체 주입유량, 모멘트 규모(미소진동) 자료(Ringrose 등(2017)으로부터; ©Elsevier, 허가 후 재생산)(p.xxvii 컬러 그림 참조)

어 주입압력의 경향성을 따르는 반면 (겨우 33m 상부에 위치한) 구간 4에서는 주입압력과는 완전히 무관한 결과를 보였다. 이 자료는 CO_2 저장 모니터링에 있어 매우 중요한 원칙인 '상부 구역 모니터링(Above zone monitoring)'의 필요성을 보여준다. 저장지층 상부에 위치한 지질학적 대상체 내에 계측기(Gauge)와 탐지기(Detector)를 설치함으로써 예상하지 못한 압력 전이나 주입구간 외부로의 유체흐름을 조기에 파악하여 경보를 내릴 수 있다. 이러한 접근법은 미국 미시시피주 Cranfield CO_2 주입 테스트 현장에서도 성공적으로 입증되었다(Hovorka et al., 2011; Kim and Hosseini, 2014).

또한 IBDP에서 지표와 공저 지오폰을 이용한 미소진동 모니터링은 주입유량, 저류층 내외부의 압력분포, 암석의 변형률 사이의 관계를 이해하는 데 매우 도움이 된다는 것이 검증되었다. 이 부지의 지구물리 전용 모니터링정(GM1) 내 심도 624~943m 구간에 31개의 지오폰을 설치하여 주입정(CCS1)의 지오폰과 함께 미소진동 활동을 모니터링하였다(Will et al., 2016). '암석에 귀기울이기(Listening to the rock)'라고도 하는 주입구간 부근에서의 미소진동 모니터링은 안전한 운영과 장기간의 저장을 보장하기 위한 유용한 접근법으로 떠오르고 있다. 이 부지에서 기록된 이벤트들은 최대 모멘트 규모가 1 정도였던 소수의 이벤트를 제외하고는 대부분 규모가 0보다 훨씬 작았다.

CO_2 프로젝트에서 마지막으로 중요한 모니터링 측정 항목은 지표 또는 그 부근에서 수행되는 다양한 측정들이다. 이는 흔히 환경 모니터링이라고 불리는데 일반적으로 누출탐지에 중점을 두며 특히 천부 음용 지하수 자원의 오염 가능성을 감시하는 데 집중한다. 발생 가능성 있는 CO_2의

누출은 중요한 문제로서 이에 대해 우려하는 것은 타당하지만, 누출탐지에 대해서는 잘못 알려진 개념들이 많다. CO_2는 자연적으로 흔히 존재하는 분자이기 때문에 주위 환경의 여러 배경 잡음 속에서 누출된 CO_2를 인지하는 것은 매우 어려운 일이다.

- CO_2는 생물학적으로 토양에서도 생산되고 식물 뿌리의 호흡과 유기물의 부패에서도 발생한다.[13]
- 보다 근본적인 CO_2의 원천은 대기 중 CO_2를 함유하고 있는 지하수의 탈가스화나 유기탄소에서의 방출이다.

이와 같은 과정들은 CO_2 농도가 일주기, 계절적 주기 그리고 장기추세에 따라 변동한다는 것을 의미한다. 그러나 저장성에 대한 확실한 보장이 필요하기 때문에 많은 초기 진입자와 CO_2 주입 파일럿 프로젝트에서는 발생한 누출의 탐지방법과 누출이 없음을 입증할 방법에 대해 연구해 왔다. Jones 등(2015)은 CO_2 저장소에서 누출이 일어났을 때 미칠 수 있는 환경적 영향에 대한 기존 연구들을 검토하였다. 자연적 환경에서도 CO_2가 발생한다는 복잡성 때문에 대부분의 연구들은 공정 기반 분석(Process-based analysis; Romanak et al., 2012)이나 자연적인 CO_2와 포집된 CO_2를 구분하기 위한 동위원소 지문(Isotopic signature)분석을 진행했다(Johnson et al., 2009; Mayer et al., 2015). CO_2 저장소에서 환경 모니터링이라는 주제는 생각보다 광범위하지만 최소한의 소개 수준에서라도 환경 모니터링의 주요 방법들을 정리할 필요가 있다.

---

13 호기성 미생물의 호흡(Aerobic microbial respiration)

CO_2 직접 탐지

- 적외선 가스 분석기(IRGA; Infrared Gas Analyzer)는 대기나 토양 내의 CO_2 농도를 측정하기 위해 일반적으로 사용하는 장비이다. CO_2 농도의 측정은 스펙트럼 상 근적외선 영역(약 4.26μm)의 빛을 흡수한다는 특성을 이용한다(Oldenburg et al., 2003).
- 집적챔버(AC; Accumulation Chamber)도 CO_2 유입량(Flux)을 측정하는 데 이용될 수 있다(IRGA로도 측정 가능).
- 에디 공분산(Eddy covariance)은 대기중 CO_2 농도를 특정 고도에서 측정한다(보통 IRGA로 측정). 측정자료는 기상자료와 통합하여 전체 에너지와 질량의 보존을 추정하며, 이를 통해 순 CO_2 유입량을 도출할 수 있다.
- LIDAR(Light Detection and Range Finding)는 레이저 방사를 이용하여 대기를 탐지하고 미량 대기가스를 측정한다(예: NO_2, O_2, H_2O, CH_4, CO_2).

CO_2의 지구화학적 특성화

- 가스와 지하수 샘플의 기본적인 화학 특성(예: O_2와 CO_2의 비)을 이용하여 가스상태 샘플이나 염수에 용해된 가스에서 CO_2의 기원을 알아낼 수 있다.
- CO_2의 탄소 동위원소 조성에 대한 측정 시 다음 사항을 참고하여야 한다.
  - $\delta^{13}C$는 $^{13}C/^{12}C$비율에 대해 기준값과의 편차를 천분율(Parts per thousand, ‰)로 나타낸 것이다. (^{13}C는 지구 시스템과 생물학적 과

정에 의해 주로 제어되는 안정 동위원소이다.)
- $\delta^{14}C$는 $^{14}C/^{12}C$ 비율에 대해 기준값과의 편차를 천분율로 표현한 것이다. (^{14}C는 CO_2의 탄소 중 반감기가 가장 긴 방사성 동위원소로 연대 측정에 이용된다.)
- 대부분의 동위원소들은 표준형 질량분석기(Standard mass spectrometer)로 측정하는 반면, ^{14}C는 가속 질량분석기(AMS; accelerator mass spectrometer)로 측정한다.
● 자연 추적자나 공정 진단용으로 사용하는 희귀가스에 대한 화학 특성(예: $CO_2/^3He$ 비)을 사용한다.

탄소 동위원소나 희귀가스의 지문은 서로 다른 CO_2 배출원을 구분하고 탐지하는 데 특히 유용하다. 이 방법은 캐나다의 Weyburn-Midale CO_2 모니터링 및 저장 프로젝트와 관련된 CO_2 누출 평가에 적용되어 그 유용성이 입증되었다(Gilfillan et al., 2017). Gilfillan 등(2014)은 과거 10년 동안

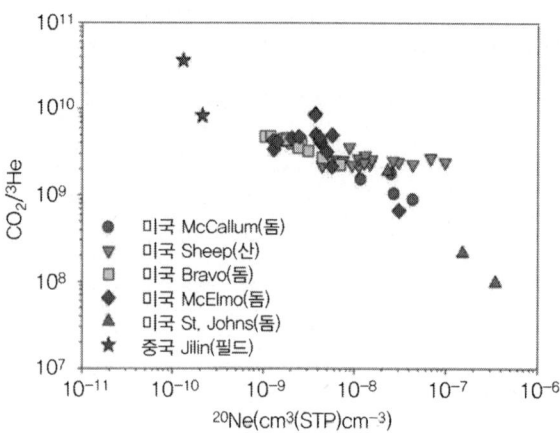

그림 3.20 CO_2 농도가 높은 천연가스전에서 얻은 샘플에서의 ^{20}Ne 대비 $CO_2/^3He$ 변화 (Gilfillan 등(2014)으로부터)

CO_2 저장 연구에서 희귀가스와 안정한 탄소 동위원소를 추적자로 이용하는 방법이 발전되어 온 과정을 요약하였다(이를 이용한 진단 도시화의 예는 그림 3.20 참고). ^{20}Ne의 유일한 지하 공급원은 지층수로서 네온 농도는 지층수와 접촉했던 가스상을 나타낸다. $CO_2/^3He$ 비율의 감소와 ^{20}Ne 농도의 증가 간 상관관계는 아주 뚜렷하며 이는 지구권(Geosphere) 내에서 CO_2 가스와 접촉한 지층수의 부피와 정량적인 관련이 있다.

3.6.5 향후 모니터링의 나아갈 방향

앞 절에서는 초기 대염수층의 저장 프로젝트에서 CO_2 저장소들을 모니터링하며 얻은 주요 교훈들을 강조했다. 적용되었던 일부 기법들은 결국 필요성이 입증되지 않을지도 모르지만, 관련된 모든 기술들은 향후 10년 안에 성숙되거나 발전할 것이다. CCS 기술이 미래 저탄소 에너지 시스템의 일환으로 활발하게 적용될 정도로 성장할 것이라 가정할 때, 모니터링 기술 또한 고도로 최적화되어 CO_2의 성공적인 격리 여부를 비용 효율적으로 확인할 수 있을 것으로 기대된다. 특히, 디지털 센싱이나 원격운용 탐지 등 모니터링에 적합한 기술 및 이를 활용한 접근법은 빠르게 진화하고 있다. 광섬유 방식의 탐지와 신호전송은 빠르게 발전하고 있는 분야로서 이미 몇몇 프로젝트에 적용되어 분산형 음향센서가 CO_2 플룸의 시간경과 모니터링에 효과적이라는 것을 보여주었다(Mateeva et al., 2014; White et al., 2017).

Ringrose 등(2018)은 해상환경에서 최적화된 모니터링 사례를 고려하면서(그림 3.21) 최적의 모니터링 체계를 개발하는 다양한 방법들을 평가했다.

그림 3.21 해저 완결 후 대상 저장지층(초록색, 1,200m 심도)으로 CO_2를 주입하는 프로젝트에서 모니터링 시스템의 개념도. 견인 해양 스트리머 탄성파 자료 취득과 해저노드형수진기 배열(검은 점), 엄빌리컬 케이블(Umbilical cable)로 연결된(검은색 선) 공저 광섬유 모니터링(도시는 안 됨), 해저에서 전조등을 비추고 있는 자동수중잠수정(AUV). (Equinor 그림 제공)(p.xxviii 컬러 그림 참조)

- 전통적 해양 스트리머 탄성파탐사를 어떻게 모니터링에 최적화할 수 있을 것인가?
- 해저면에 영구적인 해저면노드형수진기(OBN, Ocean Bottom Nodes)를 어떻게 배치하여 효과적으로 이용할 것인가?
- 최적의 시추정 하부 모니터링 장비는 무엇인가? (예: 전기 기반/광섬유 기반)

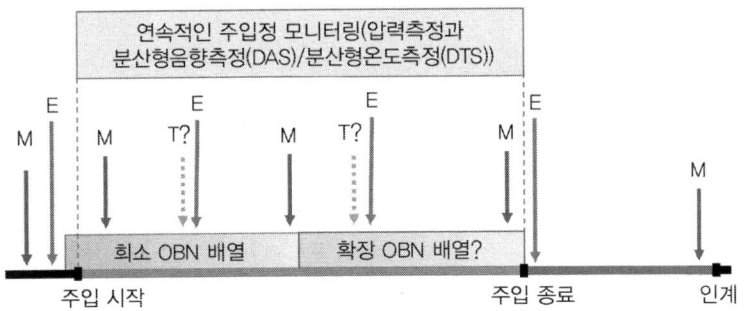

그림 3.22 해저 저장 프로젝트 모니터링 계획 최적화 개념도 (M: 해저 탄성파탐사, E: 해양 환경 탐사; T: 필요시 선택적 추가탐사; OBN: 해저노드형수진기)

- 해양 환경 모니터링 조사에서 어떻게 효과적인 대상영역 선정과 최적화를 할 수 있는가?

이러한 최적화 목표를 달성하기 위해 제시된 주요 해법들은 다음과 같다(그림 3.22).

1. 제한된 해양 스트리머 탄성파 자료 취득 계획(예: Sleipner 프로젝트에서 적용한 빈도보다는 적게)을 적용하되 대상 저장소의 저장 영역에 희소 배열한 해저면노드형수진기를 이용하여 빈번한 횟수로 (반영구적) 모니터링하여 보완

2. 광섬유 기반 공저 모니터링 기법 적용: 광섬유 방식의 압력계측기, 분산형 온도센서, 분산형 음향센서 등

3. 특수 목적의 자동수중잠수정(AUV; Autonomous Underwater Vehicles)을 이용한 환경 모니터링 계획: 핵심 관심 대상(예: 폐기된 해저트리, 파이프라인, 자연 누출 지점 등)에 집중

4. 모니터링 자료에서 보다 의미 있는 정보를 도출해내는 고급 자료 분석법 이용(특히 탄성파 자료의 전파형 역산(Full-waveform inversion))
5. '트리거 탐사' 개념의 개발: 이상상황 탐지 시에 한해 계획된 추가탐사 수행

향후 모니터링 기술이 어떻게 발전할지 정확히 예측할 수 없지만, 근본적으로 모니터링 체계는 CO_2 주입 운영을 최적화하고 프로젝트가 안전하게 진행되고 있음을 이해관계자들에게 보장할 수 있어야 한다. 모니터링은 어떤 프로젝트에서든 단순한 요구사항(또는 비용)으로 간주되어서는 안 되며 저장 프로젝트의 전체 기간 동안 비용 대비 효율성을 보장할 수 있는 유익한 활동으로 인식되어야 한다. Ringrose 등(2018)은 Sleipner와 Snøhvit 프로젝트에서의 모니터링 사례와 이상적인 매개변수의 가정에 근거하여 해양 프로젝트 모니터링 프로그램의 일반적인 비용을 예측하였다. 전체 수명 주기 동안의 모니터링 비용은 2015년 기준으로 약 2€/t 수준으로 추정되었다.

3.6.6 저장소 온전성과 위험 관리

부지특성화가 수행되어 잘 관리되고 있는 CO_2 주입 프로젝트라 하더라도 항상 예상치 못한 잔여위험은 존재한다. 실제로 '놀라운 상황'은 매우 일상적으로 발생할 수 있지만 이것이 반드시 상당한 위험을 의미하는 것은 아니다. Eiken 등(2011)은 산업적 규모의 프로젝트를 분석하여 실제 CO_2 플룸이 성장하는 과정은 주입 시에만 파악할 수 있는 지질학적 요인들에 의해서 결정된다는 사실을 밝혀내었다. 각 CO_2 주입 프로젝트는 CO_2 감지나

압력변화 등과 같은 '사건들'을 겪게 되는데 이는 사전에 충분히 분석하여 주입계획에 반영하여야 한다. 이러한 계획은 위험성 평가 및 관리라는 주제로 전문성이 필요한 분야이다.

 이러한 문제에 대응하기 위해서 IEAGHG(2009)는 다음의 세 가지 핵심단계를 포함하는 위험성 평가 및 관리 체계를 제시하였다.

 1. 위험의 원인을 평가하라.
 2. 특정 저장소에서 노출된 위험을 평가하라.
 3. 대상 위험을 관리하라(모니터링 프로그램과 직결된 활동).

 이 체계에 기초하여 Pawar 등(2015)은 실제 CO_2 저장 프로젝트에서 위험관리 사례를 검토하였으며 위험을 다음과 같이 네 가지로 분류하였다.

- 부지성능에 대한 위험(Site performance risks)
- 저장성 위험(Containment risks)
- 대중인식 위험(Public perception risks)
- 시장실패 위험(Market failure risks)

 흥미로운 것은 부지성능이나 저장성에 대한 위험성은 지금까지의 프로젝트 수행경험을 통해 완화시키고 있다는 것이다. 우리는 CO_2 저장 프로젝트를 안전하게 수행하는 방법과 위험을 허용가능 수준으로 낮추는 방법을 습득해 나가고 있다. 그러나 불행하게도 대중인식이나 시장실패로 인한 위험성은 여전히 너무 높으며 프로젝트 실패의 주요 원인이 되고 있

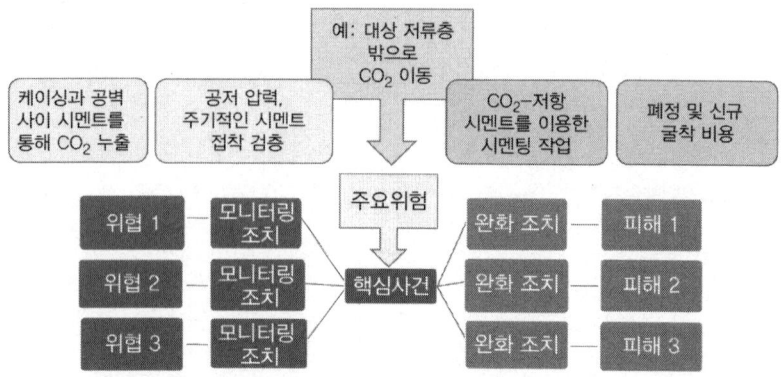

그림 3.23 실질적인 위험관리를 위한 나비넥타이형 접근법의 개념도. 잠재적 위협에 대해 프로젝트 팀이 이를 모니터링하고 완화시킬 수 있는 활동을 연결하는 시스템. 전형적 위험에 대한 예는 최상단 상자에 제시되어 있음

다. 그러므로 향후 프로젝트에서의 과제는 CO_2 저장에 있어서 이러한 위험들을 이해하는 것만큼 CO_2 저장의 위험에 대해 효과적으로 소통할 수 있어야 한다는 것이다.

캐나다의 Quest CCS 프로젝트(Bourne et al., 2014; Pawar et al., 2015)를 포함한 여러 프로젝트들은 실질적인 위험관리를 위해 나비넥타이형 접근법(그림 3.23)을 이용해 왔다. 실제 프로젝트에서 많은 위협(Threat)들을 식별하여 예기치 못한 저장성 상실 가능성(나비넥타이의 왼쪽)과 그로 인한 피해(나비넥타이의 오른쪽)를 나열하고 이를 최소화할 수 있는 보호조치를 매칭한다. Quest 프로젝트에서는 수동형 안전조치(항상 적용되는 시스템)와 추가적인 능동형 안전조치(모니터링에서 이상징후 감지 시 작동하는 제어수단)를 구분하였다.

결론적으로, CO_2 저장 프로젝트가 안전하게 진행될 수 있다라는 것 자체에 대해서는 의심의 여지가 없다. 20년 이상의 운영 경험을 보유하고 있으며, CO_2 저장 프로젝트를 제어하고 모니터링하며 위험을 처리하고 완화하는 데 필요한 도구와 방법을 꾸준히 개발해 왔기 때문이다. 현재 시점에서 진정 어려운 점은 이 기술의 적용을 가속화하고 산업 규모 대형 프로젝트를 더욱 많이 추진할 수 있는 사회와 시장의 동력을 확보하는 것이다.

Reference

Alnes H, Eiken O, Nooner S, Sasagawa G, Stenvold T, Zumberge M (2011) Results from Sleipner gravity monitoring: Updated density and temperature distribution of the CO_2 plume. Energy Procedia 4:5504–5511

Arts R, Eiken O, Chadwick A, Zweigel P, Van der Meer L, Zinszner B (2004) Monitoring of CO_2 injected at Sleipner using time-lapse seismic data. Energy 29(9):1383–1392

Bachu S, Watson TL (2009) Review of failures for wells used for CO_2 and acid gas injection in Alberta, Canada. Energy Procedia 1(1):3531–3537

Bentley M, Ringrose P (2017) Future directions in reservoir modelling: new tools and 'fit-for purpose' workflows. In: Geological society, London, petroleum geology conference series, vol 8. Geological Society of London, pp PGC8-40

Bickle M, Chadwick A, Huppert HE, Hallworth M, Lyle S (2007) Modelling carbon dioxide accumulation at Sleipner: implications for underground carbon storage. Earth Planet Sci Lett 255(1–2):164–176

Boait FC, White NJ, BickleMJ, Chadwick RA, Neufeld JA, Huppert HE (2012) Spatial and temporal evolution of injected CO_2 at the Sleipner Field, North Sea. J Geophys Res Solid Earth 117(B3)

Bolås HMN, Hermanrud C (2003) Hydrocarbon leakage processes and trap retention capacities offshore Norway. Pet Geosci 9(4):321–332

Bouquet S, Gendrin A, Labregere D, Le Nir I, Dance T, Xu QJ, Cinar Y (2009) CO_2CRC Otway Project, Australia: parameters influencing dynamic modeling of CO_2 injection into a depleted gas reservoir. In: Offshore Europe. Society of Petroleum Engineers

Bourne S, Crouch S, Smith M (2014) A risk-based framework for measurement, monitoring and verification of the Quest CCS Project, Alberta, Canada. Int J Greenhouse Gas Control 26:109–126

Carroll SA, McNab WW, Torres SC (2011) Experimental study of cement-sandstone/shale-brine-CO_2 interactions. Geochem Trans 12(1):9

Carroll S, Carey JW, Dzombak D, Huerta NJ, Li L, Richard T, Um W, Walsh SD, Zhang L (2016) Role of chemistry, mechanics, and transport on well integrity in CO_2 storage environments. Int J Greenhouse Gas Control 49:149–160

Chadwick A, Arts R, Bernstone C, May F, Thibeau S, Zweigel P (2008) Best practice for the storage of CO_2 in saline aquifers-observations and guidelines from the SACS and CO_2STORE projects, vol 14. British Geological Survey

Chadwick A, Williams G, Falcon-Suarez I (2019) Forensic mapping of seismic velocity heterogeneity in a CO_2 layer at the Sleipner CO_2 storage operation, North Sea, using time-lapse seismics. Int J Greenhouse Gas Control 90:102793

Chapoy A, Nazeri M, Kapateh M, Burgass R, Coquelet C, Tohidi B (2013) Effect of impurities on thermophysical properties and phase behaviour of a CO_2-rich system in CCS. Int J Greenhouse Gas Control 19:92-100

Cooper C (ed) (2009) A technical basis for carbon dioxide storage: London and New York. Chris Fowler Int 3-20. http://www.CO2captureproject.org/

Couëslan ML, Butsch R, Will R, Locke RA II (2014) Integrated reservoir monitoring at the Illinois Basin-Decatur Project. Energy Procedia 63:2836-2847

Dake LP (2001) The practice of reservoir engineering, revised edn, vol 36. Elsevier

Davis TL, Landrø M, Wilson M (eds) (2019) Geophysics and geosequestration. Cambridge University Press

De Visser E, Hendriks C, Barrio M, Mølnvik MJ, de Koeijer G, Liljemark S, Le Gallo Y (2008) Dynamis CO_2 quality recommendations. Int J Greenhouse Gas Control 2(4):478-484

Dixon T, Romanak KD (2015) Improving monitoring protocols for CO_2 geological storage with technical advances in CO_2 attribution monitoring. Int J Greenhouse Gas Control 41:29-40

Dixon T, McCoy ST, Havercroft I (2015) Legal and regulatory developments on CCS. Int J Greenhouse Gas Control 40:431-448

EC (2009) Directive 2009/31/EC of the European Parliament and of the Council of 23 April 2009 on the geological storage of carbon dioxide and amending Council Directive 85/337/EEC, European Parliament and Council Directives 2000/60/EC, 2001/80/EC, 2004/35/EC, 2006/12/EC, 2008/1/EC and Regulation (EC) No 1013/2006

Eiken O, Ringrose P, Hermanrud C, Nazarian B, Torp TA, Høier L (2011) Lessons learned from 14 years of CCS operations: Sleipner, In Salah and Snøhvit. Energy Procedia 4:5541-5548

Eldevik F, Graver B, Torbergsen LE, Saugerud OT (2009) Development of a guideline for safe, reliable and cost-efficient transmission of CO_2 in pipelines. Energy Procedia 1(1):1579-1585

Fanchi JR (2005) Principles of applied reservoir simulation. Elsevier

Finley RJ (2014) An overview of the Illinois Basin-Decatur project. Greenhouse Gases Sci Technol 4(5):571-579

Furre A-K, Eiken O (2014) Dual sensor streamer technology used in Sleipner CO_2 injection monitoring. Geophys Prospect 62(5):1075-1088

Furre AK, Kiær A, Eiken O (2015) CO_2-induced seismic time shifts at Sleipner. Interpretation 3(3):SS23-SS35. https://doi.org/10.1190/INT-2014-0225.1

Furre AK, Eiken O, Alnes H, Vevatne JN, Kiær AF (2017) 20 years of monitoring CO_2-injection at Sleipner. Energy Procedia 114:3916-3926

Furre A, Ringrose P, Santi AC (2019) Observing the invisible—CO_2 Feeder Chimneys on seismic time-lapse data. In: 81st EAGE Conference and Exhibition 2019

Ganjdanesh R, Hosseini SA(2018) Development of an analytical simulation tool for storage capacity estimation of saline aquifers. Int J Greenhouse Gas Control 74:142-154

Gasda S, Wangen M, Bjørnara T, Elenius M (2017) Investigation of caprock integrity due to pressure build-up during high-volume injection into the Utsira formation. Energy Procedia 114:3157-3166

Gawel K, Todorovic J, Liebscher A et al. (2017) Study of materials retrieved from a Ketzin CO_2 monitoring well. Energy Procedia 114:5799-5815. https://doi.org/10.1016/j.egypro.2017.03.1718

GCCSI (2019) GCCSI CO2RE database: 2019. Global CCS Institute. https://co2re.co

Gilfillan S, Haszeldine S, Stuart F, Gyore D, Kilgallon R, Wilkinson M (2014) The application of noble gases and carbon stable isotopes in tracing the fate, migration and storage of CO_2. Energy Procedia 63:4123-4133

Gilfillan SM, Sherk GW, Poreda RJ, Haszeldine RS (2017) Using noble gas fingerprints at the Kerr Farm to assess CO_2 leakage allegations linked to the Weyburn-Midale CO_2 monitoring and storage project. Int J Greenhouse Gas Control 63:215-225

Goertz-Allmann BP, Kühn D, Oye V, Bohloli B, Aker E (2014) Combining microseismic and geomechanical observations to interpret storage integrity at the In Salah CCS site. Geophys J Int 198(1):447-461

Golan M, Whitson CH (1991) Well performance, 2nd edn. Prentice Hall

Gollakota S, McDonald S (2014) Commercial-scale CCS project in Decatur, Illinois-Construction status and operational plans for demonstration. Energy Procedia 63:5986-5993

Hannis S, Chadwick A, Connelly D, Blackford J, Leighton T, Jones D, White J, White P, Wright I, Widdicomb S, Craig J (2017) Review of offshore CO_2 storage monitoring: operational and research experiences of meeting regulatory and technical requirements. Energy Procedia 114:5967-5980

Hansen H, Eiken O, Aasum TA (2005) Tracing the path of carbon dioxide from a gas-condensate reservoir, through an amine plant and back into a subsurface aquifer—case study: the Sleipner area, Norwegian North Sea. Society of Petroleum Engineers, SPE paper 96742. https://doi.org/10.2118/96742-ms

Hansen O, Gilding D, Nazarian B, Osdal B, Ringrose P, Kristoffersen JB, Eiken O, Hansen H (2013) Snøhvit: the history of injecting and storing 1Mt CO_2 in the Fluvial Tubåen Fm. Energy Procedia 37:3565-3573

Hovorka SD, Meckel TA, Trevino RH, Lu J, Nicot JP, Choi JW, Freeman D, Cook P,

Daley TM, Ajo-Franklin JB, Freifeild BM (2011) Monitoring a large volume CO_2 injection: year two results from SECARB project at Denbury's Cranfield, Mississippi, USA. Energy Procedia 4:3478-3485

Huang F, Bergmann P, Juhlin C, Ivandic M, Lüth S, Ivanova A, Kempka T, Henninges J, Sopher D, Zhang F (2018) The first post-injection seismic monitor survey at the Ketzin pilot CO_2 storage site: results from time-lapse analysis. Geophys Prospect 66(1):62-84

IEAGHG (2009) A review of the international state of the art in risk assessment guidelines and proposed terminology for use in CO_2 geological storage. IEA Greenhouse Gas R&D Programme, Report 2009-TR7

IEAGHG (2016) Offshore monitoring for CCS projects. IEA Greenhouse Gas R&D Programme, Report 2015/02

Ivanova A, Kashubin A, Juhojuntti N, Kummerow J, Henninges J, Juhlin C, Lüth S, Ivandic M (2012) Monitoring and volumetric estimation of injected CO_2 using 4D seismic, petrophysical data, core measurements and well logging: a case study at Ketzin, Germany. Geophys Prospect 60(5):957-973

Jenkins C, Chadwick A, Hovorka SD (2015) The state of the art in monitoring and verification—ten years on. Int J Greenhouse Gas Control 40:312-349

Jenkins C, Marshall S, Dance T, Ennis-King J, Glubokovskikh S, Gurevich B, La Force T, Paterson L, Pevzner R, Tenthorey E, Watson M (2017) Validating subsurface monitoring as an alternative option to surface M&V-The CO_2CRC's Otway Stage 3 Injection. Energy Procedia 114:3374-3384

Johnsen K, Helle K, Røneid S, Holt H (2011) DNV recommended practice: design and operation of CO_2 pipelines. Energy Procedia 4:3032-3039

Johnson G, Raistrick M, Mayer B, Shevalier M, Taylor S, Nightingale M, Hutcheon I (2009) The use of stable isotope measurements for monitoring and verification of CO_2 storage. Energy Procedia 1(1):2315-2322

Jones DG, Beaubien SE, Blackford JC, Foekema EM, Lions J, De Vittor C, West JM, Widdicombe S, Hauton C, Queirós AM (2015) Developments since 2005 in understanding potential environmental impacts of CO_2 leakage from geological storage. Int J Greenhouse Gas Control 40:350-377

Kim S, Hosseini SA (2014) Above-zone pressure monitoring and geomechanical analyses for a field-scale CO_2 injection project in Cranfield, MS. Greenhouse Gases Sci Technol 4(1):81-98

Landrø M, Zumberge M (2017) Estimating saturation and density changes caused by CO_2 injection at Sleipner—Using time-lapse seismic amplitude-variation-with-offset and time-lapse gravity. Interpretation 5.2:T243-T257

Li H, Yan J (2009) Impacts of equations of state (EOS) and impurities on the volume calculation of CO_2 mixtures in the applications of CO_2 capture and storage (CCS) processes. Appl Energy 86(12):2760-2770

Liebscher A, Möller F, Bannach A, Köhler S, Wiebach J, Schmidt-Hattenberger C, Weiner M, Pretschner C, Ebert K, Zemke J (2013) Injection operation and operational pressure-temperature monitoring at the CO_2 storage pilot site Ketzin, Germany— Design, results, recommendations. Int J Greenhouse Gas Control 15:163-173

Lindeberg E (2011) Modelling pressure and temperature profile in a CO_2 injection well. Energy Procedia 4:3935-3941

Lumley DE (2001) Time-lapse seismic reservoir monitoring. Geophysics 66(1):50-53

Lüth S, Ivanova A, Kempka T (2015) Conformity assessment of monitoring and simulation of CO_2 storage: a case study from the Ketzin pilot site. Int J Greenhouse Gas Control 42:329-339

Maldal T, Tappel IM (2004) CO_2 underground storage for Snøhvit gas field development. Energy 29(9-10):1403-1411

Martens S, Kempka T, Liebsche rA, Lüth S, Möller F, Myrttinen A, Norden B, Schmidt-Hattenberger C, Zimmer M, Kühn M (2012) Europe's longest-operating on-shore CO_2 storage site at Ketzin, Germany: a progress report after three years of injection. Environ Earth Sci 67(2):323-334

Martens S, Möller F, Streibel M, Liebscher A, Group TK (2014) Completion of five years of safe CO_2 injection and transition to the post-closure phase at the Ketzin pilot site. Energy Procedia 59:190-197

Mateeva A, Lopez J, Potters H, Mestayer J, Cox B, Kiyashchenko D, Wills P, Grandi S, Hornman K, Kuvshinov B, Berlang W (2014) Distributed acoustic sensing for reservoir monitoring with vertical seismic profiling. Geophys Prospect 62(4):679-692

Mathieson A, Midgley J, Dodds K, Wright I, Ringrose P, Saoul N (2010) CO_2 sequestration monitoring and verification technologies applied at Krechba. Algeria. The Leading Edge 29(2):216-222

Mayer B, Humez P, Becker V, Dalkhaa C, Rock L, Myrttinen A, Barth JAC (2015) Assessing the usefulness of the isotopic composition of CO_2 for leakage monitoring at CO2 storage sites: a review. Int J Greenhouse Gas Control 37:46-60

McNab WW, Carroll SA (2011) Wellbore integrity at the Krechba carbon storage site, In Salah, Algeria: 2. Reactive transport modeling of geochemical interactions near the cement-formation interface. Energy Procedia 4:5195-5202 (GHGT-10)

Michael K, Golab A, Shulakova V, Ennis-King J, Allinson G, Sharma S, Aiken T (2010) Geological storage of CO_2 in saline aquifers—a review of the experience from existing storage operations. Int J Greenhouse Gas Control 4(4):659-667

Nazarian B, Held R, Høier L, Ringrose P (2013) Reservoir management of CO_2 injection: pressure control and capacity enhancement. Energy Procedia 37:4533-4543

Nazarian B, Thorsen R, Ringrose P (2018). Storing CO_2 in a reservoir under continuous pressure depletion—a simulation study. In: 14th greenhouse gas control technologies conference Melbourne 21–26 October 2018 (GHGT-14). Available at SSRN https://ssrn.com/abstract=3365822

Nordbotten JM, Celia MA, Bachu S (2005) Injection and storage of CO_2 in deep saline aquifers: analytical solution for CO_2 plume evolution during injection. Transp Porous Media 58(3):339–360

Oldenburg CM, Lewicki JL, Hepple RP (2003) Near-surface monitoring strategies for geologic carbon dioxide storage verification (No. LBNL-54089). Lawrence Berkeley National Laboratory (LBNL), Berkeley

Oldenburg CM, Bryant SL, Nicot J (2009) Certification Framework based on effective trapping for geological carbon sequestration. Int J Greenhouse Gas Control 3(4):444–457

Pawar RJ, Bromhal GS, Carey JW, Foxall W, Korre A, Ringrose PS, Tucker O, Watson MN, White JA (2015) Recent advances in risk assessment and risk management of geologic CO_2 storage. Int J Greenhouse Gas Control 40:292–311

Peaceman DW (2000) Fundamentals of numerical reservoir simulation, vol 6. Elsevier

Pruess K, García J, Kovscek T, Oldenburg C, Rutqvist J, Steefel C, Xu T (2004) Code intercomparison builds confidence in numerical simulation models for geologic disposal of CO_2. Energy 29(9–10):1431–1444

Ringrose PS, Meckel TA (2019) Maturing global CO_2 storage resources on offshore continental margins to achieve 2DS emissions reductions. Scientific Reports 9:17944. https://doi.org/10.1038/s41598-019-54363-z

Ringrose PS, Mathieson AS, Wright IW, Selama F, Hansen O, Bissell R, Saoula N, Midgley J (2013) The In Salah CO_2 storage project: lessons learned and knowledge transfer. Energy Procedia 37:6226–6236

Ringrose P, Greenberg S, Whittaker S, Nazarian B, Oye V (2017) Building confidence in CO_2 storage using reference datasets from demonstration projects. Energy Procedia 114:3547–3557

Romanak KD, Bennett PC, Yang C, Hovorka SD (2012) Process-based approach to CO_2 leakage detection by vadose zone gas monitoring at geologic CO_2 storage sites. Geophys Res Lett 39(15)

Rutqvist J (2012) The geomechanics of CO_2 storage in deep sedimentary formations. Geotech Geol Eng 30(3):525–551

Sharma S, Cook P, Jenkins C, Steeper T, Lees M, Ranasinghe N (2011) The CO_2CRC Otway project: leveraging experience and exploiting new opportunities at Australia's first CCS project site. Energy Procedia 4:5447–5454

Singh VP, Cavanagh A, Hansen H, Nazarian B, Iding M, Ringrose PS (2010) Reservoir modeling of CO_2 plume behavior calibrated against monitoring data from Sleipner,

Norway. In SPE annual technical conference and exhibition. Society of Petroleum Engineers. https://doi.org/10.2118/134891-MS

Span R, Wagner W (1996) A new equation of state for carbon dioxide covering the fluid region from the triple point temperature to 1100 K at pressures up to 800 MPa. J Phys Chem Ref Data 25:1509–1596

Span R, Gernert J, Jäger A (2013) Accurate thermodynamic-property models for CO_2-rich mixtures. Energy Procedia 37:2914–2922

Thibeau S, Gapillou C, Marblé A, Urbanczyk C, Garnier A (2017) The Rousse CO_2 storage demonstration pilot: hydrogeological impacts of hypothetical micro-annuli around the cements of the injector well. Pet Geosci 23(3):363–368

Van der Tuuk Opedal N, Torsæter M, Vrålstad T, Cerasi P (2014) Potential leakage paths along cement-formation interfaces in wellbores; Implications for CO_2 storage. Energy Procedia 51:56–64

Vasco DW, Rucci A, Ferretti A, Novali F, Bissell RC, Ringrose PS, Mathieson AS, Wright IW (2010) Satellite-based measurements of surface deformation reveal fluid flow associated with the geological storage of carbon dioxide. Geophys Res Lett 37(3)

Ringrose P, Furre AK, Bakke R, Dehghan Niri R, Paasch B, Mispel J, Bussat S, Vinge, T, Vold L, Hermansen A (2018) Developing optimised and cost-effective solutions for monitoring CO_2 injection from subsea wells. In: 14th greenhouse gas control technologies conference Melbourne, pp 21–26

White D, Harris K, Roach L, Roberts B, Worth K, Stork A, Nixon C, Schmitt D, Daley T, Samson C (2017) Monitoring results after 36 ktonnes of deep CO_2 injection at the Aquistore CO_2 storage site, Saskatchewan, Canada. Energy Procedia 114:4056–4061

Will R, El-Kaseeh G, Jaques P, Carney M, Greenberg S, Finley R (2016) Microseismic data acquisition, processing, and event characterization at the Illinois Basin–Decatur Project. Int J Greenhouse Gas Control 54:404–420

Williams GA, Chadwick RA (2017) An improved history-match for layer spreading within the Sleipner plume including thermal propagation effects. Energy Procedia 114:2856–2870

Williams GA, Chadwick RA, Vosper H (2018) Some thoughts on Darcy-type flow simulation for modelling underground CO_2 storage, based on the Sleipner CO_2 storage operation. Int J Greenhouse Gas Control 68:164–175

Worth K, White D, Chalaturnyk R, Sorensen J, Hawkes C, Rostron B, Johnson J, Young A (2014) Aquistore project measurement, monitoring, and verification: from concept to CO_2 injection. Energy Procedia 63:3202–3208

Wright IW, Ringrose PS, Mathieson AS, Eiken O (2009) An overview of active large-scale CO_2 storage projects. In SPE international conference on CO_2 capture, storage, and utilization. Society of Petroleum Engineers

Zhang M, Bachu S (2011) Review of integrity of existing wells in relation to CO_2 geological storage: what do we know? Int J Greenhouse Gas Control 5(4):826–840

Zweigel P, Arts R, Lothe AE, Lindeberg EB (2004) Reservoir geology of the Utsira Formation at the first industrial-scale underground CO_2 storage site (Sleipner area, North Sea). Geol Soc Lond Spec Pub 233(1):165–180

04 Chapter

CCS의 미래
– 앞으로 CCS의 전망은?

Chapter 04

CCS의 미래
– 앞으로 CCS의 전망은?

 이 책을 통해 CO_2 지중저장 기술이 활발히 실행되고 있는 확립된 기술임을 초기 선구적 프로젝트의 다양한 예를 통해 입증하였다. 특히 대염수층 주입 사례에 초점을 맞추었으며, 노르웨이의 Sleipner와 Snøhvit에서 오랜 기간 진행된 해상 프로젝트와 알제리의 In Salah, 캐나다의 Quest, 미국의 Decatur와 같은 육상의 산업 규모 프로젝트를 예로 들었다. 독일의 Ketzin CCS 프로젝트(현재 사후 폐쇄 단계로 진입한 상태)와 호주의 Otway, 미국의 Cranfield, 프랑스의 Lacq-Rousse 등 소규모 파일럿 프로젝트에서도 유용한 경험을 얻을 수 있었다.

 이 리뷰는 CCS에 대해 포괄적으로 작성하기보다는 관련 개념과 방법을 이해하는 데 필요한 통찰 중심의 선택적 사례를 다루고자 했다. 현재 전 세계적으로 19기의 대규모 CCS 시설이 운영 중이며, 설치된 포집 용량은 연간 36Mt[1](GCCSI, 2019)에 달하고 있다. 따라서 이 기술은 실제로 운영 중인 기술로 평가할 수 있다. 다만 대부분의 프로젝트는 CO_2를 주입하는 증진회수법(EOR)을 통해 유전에 저장을 하고 있는 실정이다. CO_2-EOR 프로젝트와 관련된 저장은 본 리뷰에서 다루지 않았지만, 다른 문헌에서 광범위하게 검토되고 있다(예: Hitchon, 2012; Eide et al., 2019).

IEA(2016)의 CCS 리뷰인 '20년간의 CCS 경험(20 Years of Carbon Capture and Storage)'에서는 Sleipner CCS 프로젝트 20주년을 기념하며 기후 변화 완화 기술로서 CCS의 성공을 선언하였다. 또한 다음과 같이 향후 과제도 강조하였다.

- 20년간의 CCS 경험을 통해 기후 전문가들 사이에서 이 기술의 가치와 잠재력에 대한 인식이 점차 확대되었다.
- 그러나 CCS에 대한 인식 확대는 정책적, 재정적 지원으로 이어지지 않았다. CCS 실행은 불안정한 정책 프레임워크와 재정 지원 부족으로 방해를 받고 있다.
- 그럼에도 불구하고 대부분의 기후변화 완화 모델은 CCS가 지구 온난화 2°C 이하 경로를 달성하는 데 필수적임을 뒷받침한다. CCS는 전력 부문에서 최저 비용 포트폴리오의 핵심이자, 많은 산업 부문에서 주요 완화해법으로 간주된다.

CCS는 파리 협정에서 요구하는 온실가스 감축 목표를 달성하는 데 필수적인 검증된 기술임에도 불구하고, 그 진척도는 필요한 속도에 훨씬 미치지 못한다. CCS는 2050년까지 총 누적 배출 감축량의 약 13%를 담당

---

1 **역주:** GCCSI는 2024년 보고서에서 업데이트 하였다: 2023년 기준, 운영 41기, 개발 26기, 연평균 저장용량 49Mt

할 것으로 예상되며, 이는 2050년까지 약 120Gt의 CO_2 감축을 의미한다 (IEA, 2015). 현재 전 세계 CO_2 포집률(연간 약 40Mt)이 2050년까지 150배 증가해야 한다는 것이다.

과연 이것이 가능할까? 일단 기술적으로는 가능하다고 할 수 있다. 필요한 저장 프로젝트를 위한 지질학적 용량이 충분히 존재하기 때문이다 (Ringrose and Meckel, 2019). 그러나 주요 문제는 사회경제적 요인이다. CCS의 비용은 너무 높고 이로 인한 혜택은 너무 낮게 인식되고 있다. 그렇다면 이러한 인식이 어떻게 변화할 수 있을까? 다음은 가까운 미래에 CCS 기술을 가속화하기 위한 주요 논점과 촉진 요인이다.

기후변화 완화의 가치 제안: 기후변화 완화 활동의 전체 포트폴리오에서 CCS는 2°C 미만의 온난화 시나리오를 달성하는 데 필요한 배출 감축 비용을 낮춰준다(CSS 없는 시나리오와 비교할 때). 많은 사람들은 CCS 없이 목표 달성이 불가능하다고 주장한다. 또한 CO_2를 대기 중에 배출하는 대신 지하 깊은 곳에 저장하는 사회적 가치도 강조해야 한다. 간단히 말해 CO_2를 대기로 방출하는 것보다 지중저장이 훨씬 더 안전하고 효율적이다.

예를 들어 연간 약 1Mt의 CO_2를 처리하는 단일 주입정은 상당한 배출 감축을 수행한다.[2] 따라서 CO_2 지중저장은 매우 효과적인 배출 감축 활동이다.

탄소 가격 효과: 대기로 CO_2를 배출하는 비용이 증가함에 따라 CCS는 점점 더 매력적인 기술이 될 것이다. 전 세계에서 CO_2 배출 비용은 매우 다양하게 나타나며 일부 지역에서는 배출 비용이 없지만, 배출 비용이

---

2   Sleipner 프로젝트의 단일 주입정의 CO_2 감축량은 노르웨이 전체 도로 교통 배출량의 약 10%에 해당한다.

20~60달러/tCO₂e 범위에 있는 국가들이 점점 늘어나고 있다(carbon pricingdashboard.worldbank.org). 탄소 가격이 상승함에 따라 더 많은 CCS 프로젝트가 실행될 가능성이 커지고 있다. 특히 가스처리, 바이오에탄올 생산, 비료 공장 등에서의 저렴한 CO_2 포집 기술은 약 50달러/tCO₂e의 탄소 가격에서 경제적으로 실행될 가능성이 높다(GCCSI, 2017). 그러나 화석연료 발전 부문이나 철강, 시멘트 산업 부문의 CCS 프로젝트는 탄소 가격이 100달러/tCO₂e 이상이 되어야 실행될 가능성이 높다.

인프라 효과: CCS 프로젝트는 대규모 인프라 프로젝트에 해당하며, 초기 자본 투자(일반적으로 수억 달러)는 '규모의 경제'가 작동하기 시작할 때 비로소 타당성을 갖추게 된다. 실제로 Sleipner CO_2 포집 및 처리 시설(플랫폼 기반)은 이미 인근 유전의 가스 스트림을 처리하면서 CCS 허브로 기능하기 시작했다(Ringrose, 2018). 공통 CO_2 운송 네트워크를 구축하고(Stewart et al., 2014), 기존 유전 인프라를 활용해 비용 효율적인 CCS를 가능하게 하는 새로운 방법을 개발하는 것이 CCS의 대규모 확장을 촉진하는 핵심이 될 가능성이 크다. 현재 북해를 둘러싼 여러 국가들(노르웨이, 영국, 네덜란드, 덴마크, 독일)에서 동시에 추진되고 있는 정책들은 북해가 세계 최초의 통합 CCS 허브가 될 수 있음을 시사하고 있다.

음의 배출 추진 요인: 온실가스를 배출하는 인간의 행동양식을 시급히 변경해야 함에 따라 '음의 배출 기술'을 채택할 필요성도 더욱 절실해지고 있다. 과거의 과도한 배출을 보상하기 위해서는 CO_2를 대기에서 흡수하는 방법(IPCC, 2018)이 있으며, 주요 기술로는 직접공기포집(DAC)[3]과 바이오

3　**역주**: 직접공기포집은 대기 중에 존재하는 CO_2를 직접적으로 포집하여 제거하는 기술이다. 공장이나 발전소 같은 점 오염원이 아닌 전 지구적으로 분산된 대기 중의

매스 원료를 연소하여 CO_2를 포집하는 BECCS[4]가 있다. 이 두 기술은 포집된 CO_2가 대기에서 영구적으로 격리될 때만 의미가 있기 때문에 음의 배출 기술의 적용에는 CO_2 지중저장이 필수적이다.

위의 요인 중 일부라도 주목받기 시작한다면, 전 세계 기후변화 완화 목표를 달성하기 위한 CCS 프로젝트의 급속한 확대를 목격하게 될 것이다. 무엇이 일어나든 다음 한 가지 사실은 분명하다. CO_2 지중저장은 사용 가능한 기술이며, 매우 유익한 기술이라는 것이다. CO_2를 심부 지층에 저장하는 것이 동일한 양의 CO_2를 대기로 배출하는 것보다 훨씬 더 안전하다. CO_2 저장은 사용 가능한 기술이므로, 남은 문제는 '과연 우리 사회가 이 기술을 사용할 의지가 있는가?' 하는 것이다. 부디 그러하기를 바라며 이 기술에 대해 더 큰 관심을 갖게 되는 계기가 되었으면 한다.

CO_2를 포집한다는 의미가 있다(Direct Air Capture).
4　**역주**: 바이오에너지와 CCS는 바이오매스(식물, 나무, 농업잔여물 등)를 연료로 사용하여 에너지를 생산하고 이 과정에서 발생하는 CO_2를 포집하여 지하에 저장하는 기술이다(Bioenergy with CCS).

Reference

Eide LI, Batum M, Dixon T, Elamin Z, Graue A, Hagen S, Hovorka S, Nazarian B, Nøkleby PH, Olsen GI, Ringrose P, Vieira RAM (2019) Enabling large-scale Carbon Capture, Utilisation, and Storage (CCUS) using offshore carbon dioxide (CO_2) infrastructure developments—a review. Energies 12(10):1945

GCCSI (2017) Global costs of Carbon capture and storage—2017 update. Global CCS Institute

GCCSI (2019) GCCSI CO2RE database: 2019. Global CCS Institute, 2019. https://co2re.co

Hitchon B (ed) (2012) Best practices for validating CO_2 geological storage: observations and guidance from the IEAGHG Weyburn-Midale CO_2 monitoring and storage project. Geoscience Publishing

IEA (2015) Carbon capture and storage: the solution for deep emissions reductions. International Energy Agency Publications, Paris

IEA (2016) 20 years of carbon capture and storage: accelerating future deployment. https://www.iea.org/publications

IPCC (2018) Summary for policymakers. In: Masson-Delmotte V, Zhai P, Pörtner H-O, Roberts D, Skea J, Shukla PR, Pirani A, Moufouma-OkiaW, Péan C, Pidcock R, Connors S, Matthews JBR, ChenY, Zhou X, GomisMI, Lonnoy E, Maycock T, Tignor M, Waterfield T (eds) Global warming of 1.5°C. An IPCC special report on the impacts of global warming of 1.5°C above pre-industrial levels and related global greenhouse gas emission pathways, in the context of strengthening the global response to the threat of climate change, sustainable development, and efforts to eradicate poverty. https://www.ipcc.ch/sr15/

Ringrose PS (2018) The CCS hub in Norway: some insights from 22 years of saline aquifer storage. Energy Procedia 146:166-172

Ringrose PS, Meckel TA (2019) Maturing global CO_2 storage resources on offshore continental margins to achieve 2DS emissions reductions. Scientific Reports 9:17944. https://doi.org/10.1038/s41598-019-54363-z

Scafidi J, Gilfillan SM (2019) Offsetting Carbon Capture and Storage costs with methane and geothermal energy production through reuse of a depleted hydrocarbon field coupled with a saline aquifer. Int J Greenhouse Gas Control 90:102788

Stewart RJ, Scott V, Haszeldine RS, Ainger D, Argent S (2014) The feasibility of a European-wide integrated CO_2 transport network. Greenhouse Gases Sci Technol 4(4):481-494

번역을 마치며

　미친듯이 폭우가 쏟아지고 찌는 듯한 무더위가 계속되어도 이제는 덤덤하게 받아들이고 있다. 사람들은 지구온난화로 돌이킬 수 없는 재앙이 오고 있음을 걱정하면서도 자동차를 타고 에어컨을 켜고 온라인 상태를 유지하며 한 치의 불편함을 받아들이려 하지 않는다. 사랑하는 딸, 아들이 태어나고 남중국해에서 석유를 개발하면서부터 '인류에게 꼭 필요한 석유를 누군가는 생산해야 한다'고 변명을 하는 것이 스스로에게도 궁색했다.

　낮에는 회사에서 석유를 개발하고 밤에는 집에서 이산화탄소 지중저장을 연구했다. 개별 연구결과를 저널에 논문으로 출간하는 것도 보람된 일이었지만, 한국에 있는 많은 사람들에게 경각심을 일깨워주면서 CCS의 다양한 분야에 종사하는 분들에게도 작은 도움이 되고 싶었다. 알려진 이론과 연구결과로 직접 저술하는 것 대신 실제 프로젝트로부터의 소중한 경험이 담긴 책을 번역하여 소개하기로 한 이유이다.

　저자인 Philip Ringrose는 Equinor의 Reservoir geoscience의 Specialist로서 북해에서 산업규모의 CCS 프로젝트를 15년 이상 담당하였다. 또한 노르웨이 과학기술대학교의 겸임교수로서 많은 연구결과를 발표하였으며 후학양성에도 크게 기여하고 있다. 이 책에는 1인 다역을 수행하며 겪었던 저자의 고민과 통찰이 녹아 있다.

1장에서는 CO_2 지중저장의 필요성에 대해 설명한다. 화석연료 사용의 역사, 온실가스 연구의 역사, CCS 프로젝트에서 사용되는 포집, 운송, 저장 기술들에 대해 개념적으로 요약하고 있다.

2장은 CO_2 지중저장의 학술적인 이론뿐만 아니라 실제 프로젝트에서 경험한 사례들을 함께 보여준다. 지중저장의 메커니즘, 저장용량의 계산, 지중저장 유동 모델링, 주입성의 개념, 그리고 지구역학적 분석을 다루고 있다. 실제 프로젝트를 진행하며 맞닥뜨렸던 문제들과 이를 해결하기 위한 실무방법들이 제시된다.

3장에서는 실제 CCS 프로젝트 설계 시에 필요한 고려사항을 설명한다. 주입정에서 발생할 수 있는 온전성 문제와 이를 방지하기 위한 주입정 설계 방법, 주입 후 사후관리, 관련된 모니터링 기법들을 다루고 있다.

마지막 4장에서 저자는 CO_2 지중저장의 기술적인 면 이외에 기후위기에 대응하기 위한 현재 인류의 노력들에 대해 설명하며 CCS 프로젝트의 확대를 촉구하면서 끝을 맺고 있다.

바이킹의 후예들은 아무도 관심 갖지 않았던 1996년부터 북해에서 이산화탄소를 저장하는 사업을 시작했다. 이 책은 당장 경제적 보상이 없음에도 인류를 위해 앞서간 초기 개척자들의 탐험보고서이다. '거인의 어깨'를 내어주신 저자 Dr. Ringrose에게 감사와 존경을 표하며, 한국어 번역을 허가해준 Springer, 한국어판 출간을 위해 힘써주신 도서출판 씨아이알, 부족한 후배를 이끌며 굳은 일을 마다하지 않으신 공동 번역자 박창협, 남명진 교수님께 감사드린다.

2025년 3월
선전 중국해양석유 빌딩에서
역자대표 정승필

찾아보기

[ㄱ]

간섭계 합성개구레이더(InSAR;
 interferometric synthetic
 aperture radar) 91
개방계(open system) 117
건조효과(dry-out effect) 75
공극 연결부(pore throat) 41
공극특성화(pore-scale
 characterization) 40
공저압력(bottomhole pressure) 101
균열발생압력(fracture pressure) 113
균열압력구배(fracture gradient) 112
그래블패킹(gravel packing) 105

[ㄴ]

나비넥타이형 접근법
 (bow-tie approach) 198
누출(leakage) 31

[ㄷ]

다중분기 주입정
 (multi-branch injection well) 159

대류혼합(convective mixing) 46
대수층 저장형상(aquifer storage geometry) 162
대염수층(saline aquifer) 17

[ㅁ]

모래생산(sand production) 104
모래생산 제어(sand control) 104
모멘트 규모(Moment magnitude) 188
모세관 수(capillary number) 74
미소진동(micro seismicity) 119
미소진동 모니터링
 (micro-seismic monitoring) 189

[ㅂ]

반폐쇄계(semi-closed system) 117
배수(drainage) 37
배수면(spill point) 157
본드 수(Bond number) 74
부합 저장용량(matched capacity) 54
부합성(conformance) 174
분리균열망 모델
 (DFN; discrete fracture network) 84

분산형 온도측정(DTS; distributed
　　temperature sensing)　　　　　177
분산형 음향측정
　　(DAS; distributed acoustic sensing) 177
불균질 포획(heterogeneity trapping)　75
비습윤상(non-wetting phase)　　　 37
비용-편익 평가체계(cost-benefit
　　assessment framework)　　　 181
비탄성 감쇠(inelastic attenuation)　 94

[ㅅ]

상거동도(phase diagram)　　　　144
상대유체투과도(relative permeability) 38
상부 구역 모니터링(above zone
　　monitoring)　　　　　　　　189
상태방정식(EOS; equation of state)　146
샌드스크린(sand screen)　　　　　104
석유암석물리학(petrophysics)　　　 40
석유암석정밀분석(petrographical
　　method)　　　　　　　　　　40
석유의 증진회수법(EOR; enhanced
　　oil recovery)　　　　　　　　 18
석탄층 저장(coalbed storage)　　　 18
수직 진입통로(vertical feeder point)　69
수직 탄성파 프로파일링(VSP; vertical
　　seismic profiling)　　　　　　177
스며듦 침투법(invasion percolation
　　method)　　　　　　　　　　83
습윤성(wettability)　　　　　　　 37
시간경과 중력탐사(time-lapse gravity
　　survey)　　　　　　　　　　183
시간경과 탄성파탐사(time-lapse seismic
　　survey)　　　　　　　　　　171

실제 저장용량(practical capacity)　 54

[ㅇ]

암석파쇄(rock failure)　　　　　　111
염침전(salt precipitation)　　　　 109
온전성(integrity)　　　　　　　　163
우발사태(contingency)　　　　　 174
원거리 경사정(long-reach highly
　　deviated well)　　　　　　　 93
원거리 수평정(long-reach horizontal
　　well)　　　　　　　　　　　140
원시탄화수소부존량(hydrocarbon
　　volume initially in place)　　　58
유발지진(induced seismicity)　　 119
유체유동 시뮬레이션(fluid flow
　　simulation)　　　　　　　　 77
유체투과도(permeability)　　　　 27
유한요소법(finite-element method)　83
유한차분법(finite-difference method) 81
유효 저장용량(effective capacity)　 54
응력이완(stress relaxation)　　　　87
이론적 저장용량(theoretical capacity) 53
이산화탄소 지중저장에 관한 유럽 지침
　　(European directive on the geological
　　storage of carbon dioxide)　　150
이상징후(irregularity)　　　　　 150

[ㅈ]

자원-매장량 피라미드
　　(resource-reserve pyramid)　　53
자유상(free phase)　　　　　　　 44
잔류포화도(residual saturation)　　37
저장 복합체(storage complex)　　 31

저장성(containment)	32		지오폰(geophone)	179
저장용량(storage capacity)	52		지층손상(near-wellbore damage)	106
저장용량계수(storage capacity coefficient)	60		지층용적계(formation volume factor)	59

[ㅊ]

저장효율지수 (storage efficiency factor)	57	차폐(seal)	27
전달손실(transmission loss)	94	초임계상태(supercritical state)	25

점성력/모세관력 비(N_{VC})

[ㅍ]

(viscous/capillary ratio)	73		
정두압력(wellhead pressure)	100	폐쇄계(closed system)	117
종단포화도(end point saturation)	41	폐쇄구조(structural closure)	150
주입성(injectivity)	100	표피효과(skin)	106
주입성지수(injectivity index)	102	플룸(plume)	36
주입정 배치(injector placement)	142	플룸 최대반경(maximum plume radius)	62
주향이동 단층(strike-slip fault)	87	핑거링 현상(fingering)	155

중력/점성력 비(N_{GV})

[ㅎ]

(gravity/viscous ratio)	73		
중력지수(gravity factor)	63	흡수(imbibition)	37
지구역학 모델링(geomechanical modelling)	89	히스토리매칭(history matching)	89

지은이

필립 링로즈(Philip Ringrose)
저자는 Equinor의 Reservoir Geoscience의 Specialist로서 북해에서 산업규모의 CCS 프로젝트를 15년 이상 담당하였고, 노르웨이 국립과학대학 겸임교수로서 연구결과를 다수 발표하였다. European Association of Geoscientists and Engineers의 회장을 역임하였으며, The Univeristy of Edinburgh의 명예교수, Society of Exploration Geophysicists의 특별강사로 활동하며 학술활동을 지원하고 후학양성에 기여하고 있다.

옮긴이

정승필
SK어스온에서 Lead Reservoir Engineer로 근무하며 남중국해의 유전을 개발하고 있다. 서울대학교 지구환경시스템공학부(공학박사)를 졸업하고 한국석유공사, 서울대학교 에너지시스템공학부(겸임조교수)에서 재직하였다. 석유자원 탐사, 개발, 생산의 전 단계에서 실제 프로젝트를 수행하면서 석유·천연가스 공학과 이산화탄소 지중저장 기술을 연구하고 있다.

남명진
세종대학교 에너지자원공학과 교수로 재직 중이다. 서울대학교 지구환경시스템공학부(공학박사)를 졸업하고 한국지질자원연구원과 The University of Texas at Austin(박사후연구원)에서 연구했다. 지열에너지, 석유·천연가스, 이산화탄소 지중저장, 핵심광물 등의 에너지자원공학 분야뿐만 아니라, 지중환경오염 및 지반안정성 모니터링 등의 분야에 대해서도 연구 중이다.

박창협
강원대학교 에너지자원공학과 교수로 재직 중이며 탄소중립융합학과와 수소안전융합학과도 겸하고 있다. 서울대학교 지구환경시스템공학부(공학박사)를 졸업하고 석유·천연가스공학, 이산화탄소 포집·저장·활용, 수소안전 등의 에너지공학 분야를 연구 중이다.

이산화탄소를
지중저장하는 방법
: 현장 CCS 사업자의 관점에서

초판 발행 | 2025년 7월 15일

지은이 | 필립 링로즈
옮긴이 | 정승필 · 남명진 · 박창협
펴낸이 | 김성배

책임편집 | 신은미
디자인 | 문정민, 엄해정
제작 | 김문갑

펴낸곳 | 도서출판 씨아이알
출판등록 | 제2-3285호(2001년 3월 19일)
주소 | (04626) 서울특별시 중구 필동로8길 43(예장동 1-151)
전화 | (02) 2275-8603(대표)   팩스 | (02) 2265-9394
홈페이지 | www.circom.co.kr

ISBN   979-11-6856-338-4 (93530)

* 책값은 뒤표지에 있습니다.
* 파본은 구입처에서 교환해드리며, 관련 법령에 따라 환불해드립니다.
* 이 책의 내용을 저작권자의 허가 없이 무단 전재하거나 복제할 경우 저작권법에 의해 처벌받을 수 있습니다.